재능이 뚝딱! 미래 엔지니어를 위한
초등 공학 활동 52

재능이 뚝딱! 미래 엔지니어를 위한

초등 공학 활동 52

초판 1쇄 2022년 3월 21일

지은이 크리스티나 허커트 슐(Christina Herkert Schul)
옮긴이 김태완, 이미경
발행인 최홍석

발행처 (주)프리렉
출판신고 2000년 3월 7일 제 13-634호
주소 경기도 부천시 길주로 77번길 19 세진프라자 201호
전화 032-326-7282(代) **팩스** 032-326-5866
URL www.freelec.co.kr

편 집 서선영
표지 디자인 황인옥
본문 디자인 박경옥

ISBN 978-89-6540-329-6

재능이 뚝딱! 미래 엔지니어를 위한

진로 탐색

초등 공학 활동 52

만들고, 배우고, 꿈꾸면서
미래의 내 직업 찾기

크리스티나 허커트 슐 지음 | 김태완, 이미경 옮김

프리렉

내 아이들, 캐틀린과 헌터에게.

내 마음속에서 너희들은 길을 만들어 왔단다.

이루 말할 수 없이 너희들을 사랑해.

항상 꿈을 잃지 않기를.

안녕하세요. 신나는 공학 실험실에 오신 것을 환영합니다!

무엇이든지 만들고 싶어 하고, 모험을 좋아하며 호기심으로 가득 찬 아이가 있나요? 이 책은 아이들이 천부적으로 지닌 공학 능력을 발굴하고, 아이들의 창의력을 길러주는 완벽한 지원군입니다. 좁게는 초등학생부터, 넓게는 중학생까지 대상으로 하는 이 책은 52개의 흥미진진한 공학 체험 활동이 담겨 있습니다. 체험 활동을 통해서 아이들은 공학을 배우고, 이 결과물과 체험 활동이 어떻게 STEAM과 연결되어 있는지 알 수 있습니다.

어릴 적부터 저는 누군가 가르치는 것을 좋아했습니다(몇 시간 동안 동생을 붙들어 앉히고는 학교놀이를 했답니다). 저는 선생님이 되기 위해 공부했고, 마침내 교육 석사 학위를 받았습니다. 재미난 체험 학습 활동을 만드는 것이 즐겁고, "내가 해냈어!" 이렇게 외치며 밝은 표정을 짓는 아이들을 보는 순간 희열을 느낍니다. 그리고 지금, 제 자녀들과 함께 홈스쿨링을 하면서 날마다 이 즐거움을 누릴 수 있는 것은 제게 크나큰 축복입니다.

저는 엔지니어 가족과 결혼했습니다. 남편은 컴퓨터 공학자(엔지니어)이고, 시아버지와 시동생 역시 엔지니어입니다. 우리 부부 사이에서 태어난 자녀들은 많은 엔지니어 속에서 자랐고, 우리는 온 가족이 함께 하는 공학 활동을 즐깁니다. 주방 식탁은 아이들이 새로 시작한 실험들로 늘 가득합니다. 나무로 만든 인형집에 비밀 통로를 설계해서 만들고, 거실 바닥에 모여 앉아 알록달록한 플라스틱 블록을 쌓기도 합니다. 집안에는 언제나 어떤 식으로나 공학 활동이 진행되고 있습니다.

현재, 여러분이 학부모라면 STEM(과학 Science, 기술 Technology, 공학 Engineering, 수학 Mathematics)에 대해서 들어봤을 것입니다. 여기에 창의성과 디자인의 중요성을 일깨워 줄 예술(Arts)을 포함시키려는 노력으로, STEAM(과학, 기술, 공학, 예술, 수학)이라는 새로운 용어가 교육계를 이끌고 있습니다.

이 책에 담긴 공학 활동들은 온전히 이 STEAM 구성 요소들로 이루어집니다. 기계 공학자들은 롤러코스터의 안전벨트를 설계할 때 과학과 수학을 기초로 합니다. 컴퓨터 공학자에게 기술과 수학은 기본적인 일상 업무입니다. 새로운 다리를 설계할 때 토목 공학자들은 물리학(physics)과 수학을 사용하고, 거기에 예술을 통합하여 기능적이고 시각적으로도 아름다운 다리를 완성합니다. 이 책에 실린 공학 활동에서는 활동에 사용된 STEAM 요소를 간략하게 설명하여, 아이들이 공학 활동과 STEAM이 어떻게 연결되는지 알 수 있도록 배려했습니다.

이 책의 공학 활동들은 꽤 재미있습니다!

아이들이 직접 여러 가지 공학 활동을 계획하고 만들어볼 수 있으며, 이를 통해 창의성을 향상시키고 스스로 사고하는 능력을 키울 수 있습니다.

모든 활동은 아이들이 차근차근 따라 할 수 있도록 구성되어 있습니다. 어른의 도움이 필요한 활동 몇 가지가 있지만, 대부분은 아이 스스로 완수할 수 있는 활동입니다. 이러한 활동을 체험하면서 아이들은 독립심을 키우고 성취감을 느낄 것입니다.

각 활동에는 연관된 STEAM 과목에 대한 설명과 함께, 활동에 숨겨진 과학 원리와 지식이 나와 있습니다. 물론 아이들도 쉽게 이해할 수 있도록 쉽게 설명합니다. 아이들이 활동을 통해 배운 내용은 장차 스스로 공학적 결과물을 직접 설계하고, 활동을 직접 계획할 수 있는 밑거름이 될 것입니다.

공학 활동에 필요한 재료들은 대부분 집에 있을 만한 물건이거나, 저렴하고 쉽게 살 수 있는 것들입니다. 가까운 문구점이나 마트에서 어렵지 않게 구할 수 있습니다.

아마 이 책에서 자주 사용되는 재료들을 모아서 여러분만의 작업 공간을 만들고 싶어질 것입니다. 나만의 작업 공간은 창의성을 발현하는 공간입니다. 모든 재료가 사용하기 쉽게 한곳에 모아져 있으면 그때그때 필요한 물건을 찾으려고 온 집안을 들쑤셔 놓지 않아도 되니까요!

당장이라도 각자의 공간에 맞게 작업 공간을 꾸릴 수 있습니다. 간단한 예를 들자면, 커다란 플라스틱 쓰레기통 안에 나무 막대 여러 개와 파이프 클리너, 테이프, 빈 휴지심 같은 재료를 보관할 수 있습니다. 여유가 된다면, 주방 서랍 또는 서재 책장에 플라스틱 상자를 얹어서 공예품이나 각종 재료를 정리해 넣을 수도 있습니다.

공학 활동 중에는 현장의 엔지니어가 자신의 분야에 대해서 여러분에게 들려주는 이야기가 있습니다. 여러분은 이 이야기를 통해 엔지니어의 삶, 그들이 배운 교훈, 그리고 그들이 가장 좋아하는 공학적 체험이 무엇인지 조금이나마 엿볼 수 있습니다.

공학 기술은 엔지니어가 되려는 아이들에게만 중요한 것이 아닙니다. 질문을 던지고, 가능한 해결책을 생각해 내고, 창의적으로 사고하고, 문제를 해결해 나가는 것은 아이들이 어떤 직업을 선택하든지 그들을 성공으로 이끄는 능력입니다. 그러나 무엇보다도 가장 중요한 것! 그것은 바로, 공학 활동이 정말로 재미있다는 사실입니다!

크리스티나 허커트 슐

저자 소개

크리스티나 허커트 슐은 교육학 석사 학위를 지닌 11년 경력의 전직 교사입니다. 현재, 남편과 호기심이 많은 두 아이와 함께 오하이오 남서부에 살고 있습니다. 홈스쿨링으로 바쁜 엄마로서, 그녀는 매일 아이들과 함께 학습하는 것을 즐깁니다. 크리스티나의 집에 가면 언제든 공예 재료들과 공학 활동으로 가득 찬 부엌 식탁을 볼 수 있습니다. 그녀는 자신의 블로그인 'Just One Mammy'(theresjustonemommy.com)에서 전 세계의 부모, 교사들과 학습 활동 및 공예 아이디어를 활발하게 공유하고 있습니다.

이 책은 우리 역자들이 프리렉 출판사에서 세 번째로 여러분 앞에 내놓는 실험 도서입니다. 미취학 아동도 즐길 수 있는 재밌는 과학 실험을 소개한 《아빠와 놀이 실험실》(2019년 출간), 그리고 엄마, 아빠와 함께 주방에서 요리하며 과학적 원리를 배우는 《보글보글 STEAM이 넘치는 초등 과학 실험 50》(2021년 출간)에 이어서, 이번에는 더 난이도가 있는 도서를 선보입니다. 조금 더 수준이 높다고 해야 할까요? 호기심이 남다른 미취학 아동부터 중학생까지, 즐겁게 활동하며 공학을 배울 수 있는 책입니다.

'공학'이라 하니 좀 어렵게 생각되나요? 여러분이 사용하는 물건 대부분이 공학을 통해 탄생한 발명품인 것을 알고 있나요? 그렇다면 공학이 낯설고 어렵지만은 않죠? 세상에 기존에 없던 물건을 만들어 내는 것, 이것이 바로 공학입니다. 그렇다면 자연과학은 무엇일까요? 자연과학은 바로 세상에 대한 의문을 풀어 나가는 학문이에요. 저 달은 어떻게 저렇게 떠 있을 수 있을까? 나는 왜 아빠, 엄마를 닮았을까? 해가 질 때 하늘은 왜 붉을까? 이런 질문에 대한 답을 이해해 가는 과정인 것이지요. 그런 이유로, 자연과학에서는 '발견'이라는 말을 쓴답니다. 왜 '발명'이 아니냐고요? 세상에 없는 것을 만들어 내는 게 아니라, 지금까지 우리가 몰랐던 것을 알아가는 것이니까요. 자연과학과 달리, 공학은 우리가 발견한 세상의 규칙을 통해 새로운 것을 발명하는 것입니다.

예를 들어, 요즘 들어 여러 군데서 자주 소식을 접할 수 있는 운전자 없이 자유롭게 스스로 주행하는 자율주행 자동차도 역시나 발명품입니다. 미래에는 하늘을 비행하는 자동차도 발명되겠지요? 이 모든 것이 공학의 결과물입니다. 아, 그리고 코로나19로 전 세계가 몸살을 앓고 있지요? 우리가 코로나 바이러스에 맞서기 위해 맞는 백신 주사 역시 발명품입니다.

우리가 언제든지 누릴 수 있는 흙과 나무, 시냇물, 하늘과 구름 같은 자연물을 제외하고, 인간의 손을 거쳐 만들어진 모든 것이 다 발명품이에요. 우리가 매일 먹는 밥은 어떨까요? 밥을 짓는 쌀은 자연의 벼에서 수확한 것이지만, 이러한 벼 역시 대량생산이 가능하도록, 또 우리가 먹기 좋은 크기의 쌀 알갱이로 자라도록 개량한 결과입니다. 즉, 발명품이라는 말이죠.

이제 공학이 무엇인지 조금 알 것 같지요? 그렇다면 여러분은 우리와 함께 공학 활동의 세계에 발을 들일 준비가 된 것입니다.

이 책에는 52가지 활동이 있어요. 우리는 이 책을 번역하며 감탄을 아끼지 않았습니다. 역자들은 오래 전부터 해외의 좋은 실험책을 꾸준히 찾고 있었습니다. 이 책은 50년 전에 나온 실험책 속 실험부터, 최신 공학을 엿볼 수 있는 활동까지 아주 다양한 활동을 한곳에 잘 정리한 책입니다. 물론, 오래전부터 내려온 실험은 현재 시점에 맞게 실험의 재료와 방법들을 대체하고, 변경해 두었답니다. 이 책은 여러분의 부모님의 부모님 세대로부터 내려온 중요한 실험과 활동들을 잘 정리한 백과사전과도 같은 책이에요. 부디 이 책의 활동 하나하나를 허투루 넘기지 말고 꼼꼼하게 시간이 날 때마다 즐기길 바라요. 활동을 즐기다 보면, 여러분은 머지않아 과학자, 공학자, 예술가가 되어 있을 거예요. 여러분들의 부모님이 그랬던 것처럼 말입니다. 우리 부모님은 발명가가 아니라고요? 여러분은 아빠가 고장 난 기기를 고치고, 컴퓨터를 조립하는 것을 본 적이 있지요? 모두 공학의 힘이랍니다. 알게 모르게 우리의 부모님들은 생활 속에서 많은 것을 발명하고 공학을 실천하고 있어요. 생활 속 발명가이자 공학자인 셈이지요!

우리나라에 이 책을 출간하면서 원서와는 달리, 활동과 관련된 직업이나 진로, 대학의 학과 등을 소개하는 부분을 추가했습니다. 여러분은 52개의 공학 활동을 하면서 공학자가 된 미래의 '나'를 상상해 볼 수 있어요! 로켓 활동을 할 때, 여러분은 우주비행사가 되는 꿈을 꾸어도 좋아요. 나중에 미국 우주항공 연구소 NASA의 직원이 될 수도 있으니까요.

우리 역자들도 여러분이 이 책에 있는 활동을 할 때 꼭 지켜주었으면 하는 점이 하나 있습니다. 바로, 어떤 활동을 고른 뒤에 활동의 시작부터 끝까지 꼼꼼하게 읽길 바랍니다. 먼저 어떤 준비물이 있어야 하는지 확인하고 필요한 재료와 도구들을 준비합니다. 그다음에 활동의 순서는 어떻게 진행되는지 머릿속에 활동의 전체 과정을 그린 뒤에 활동을 시작하세요. 전체 활동 과정을 확인하지 않고, 한 줄씩 읽어가며 활동하는 것은 여러분에게 큰 도움이 되지 않아요. 활동 결과가 잘 나온다 해도, 활동의 전체 과정을 이해하기 전까지는 그 활동은 여러분의 것이 되지 않습니다. 시간이 걸리더라도 전체를 꼼꼼히 읽고, 그 과정을 이해할 때 비로소 활동이 여러분의 머릿속에 새겨진답니다. 그런데 활동은 간혹 여러분의 생각대로 되지 않을 수도 있어요. 그럼 문제가 생긴 부분, 또는 활동 전체를 다시 한번 읽어보고, 이전에 놓친 것이 있는지 확인해 보세요. 이런 과정을 통해, 여러분은 공학자의 자질을 차근차근 쌓아 올릴 수 있어요.

마지막으로, 활동에 나오는 과학 용어나 설명이 어려울 수 있어요. 여러분이 학교에서 배우지 않은 내용일 수도 있으니까요. 여러분이 차근차근 읽어 나간다면 모두 할 수 있는 활동들이긴 하지만, 너무 어렵다고 느껴질 땐 부모님에게 꼭 물어보길 바랍니다.

그럼, 부모님과 함께 더욱 즐거운 활동을 만들어 가길 바라요!

김태완, 이미경

역자 소개

김태완은 KAIST(카이스트)에서 초끈 이론(String Theory)으로 물리학 박사학위를 받았습니다. 세상에 대한 깊은 호기심을 지녔으며 물리, 생명 그리고 포스트 휴먼에 관한 서적의 번역과 저술이 세상과 소통하는 방법이라 생각합니다. 특히 아이들의 조기 과학 교육에 관심이 많습니다. 과학적 사고는 세상을 바라보는 가장 좋은 창이라는 생각으로 과학 실험 서적 번역에 힘쓰고 있습니다.

이미경은 홍익대학교 영상대학원에서 석사학위를 받았고, KBS에서 <불타는 황룡사>, <대조영> 200부작을 비롯하여 다큐멘터리, 가상 스튜디오, 역사 드라마에서 특수영상을 담당했습니다. 자연과학과 예술에 대한 타고난 관심으로 자연과학 도서 번역에 발을 들이고, 사진작가로서 식물 관찰 사진에 정성을 쏟고 있습니다.

현재 둘은 같이 사업을 하며, 과학 서적 번역에 매진하고 있습니다.

차례

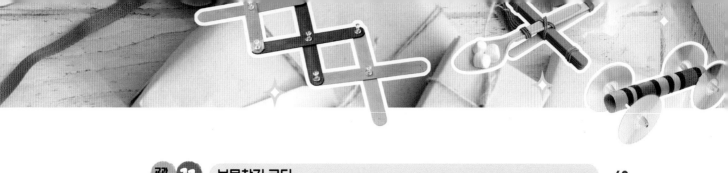

모든 활동을 마치며 **235**

미래의 내 모습을 그려보고 싶다면 이 공학 활동을 해보세요!
직업과 진로를 소개하는 활동 ✏️

52개의 공학 활동 중 무엇을 먼저 해야 할지 고민된다고요? 걱정하지 마세요! 이 책은 공학 활동과 관련 있는 직업과 진로, 전공 등을 소개하고 있어요. 다음 목차를 보고 평소에 관심이 있던 직업이나 진로가 있다면 그 활동부터 도전해 보세요! 활동을 마치고 [직업의 모든 것]까지 살펴본다면 흐릿하게만 보였던 여러분의 미래 모습이 선명하게 그려질 거예요. 이 책 그리고 52개의 공학 활동을 통해 공학적 흥미를 느끼고 재능을 발견하여, 멋진 어른이 되길 응원할게요!

함께 시작해 볼까요!

엔지니어처럼 생각하세요

이 책은 구슬 롤러코스터를 설계하고, 작은 다리를 세우고 빨대 로켓을 발사하는 등 아이들을 위한 재미있고 신나는 공학 활동들을 아주 많이 담았습니다. 그런데, 아이들이 일상 속에서 즐기는 놀이와 공학 활동과는 어떤 차이점이 있을까요?

공학 활동은 문제 해결을 중심으로 이루어집니다. 그렇다면 엔지니어들은 어떤 방식으로 일할까요? 그들만의 순서가 따로 있는 걸까요? 엔지니어에게 필요한 지식은 무엇일까요? 공학 활동을 성공적으로 해내려면 어떤 기술이 필요할까요? 걱정하지 마세요! 뒤이어 나오는 내용을 읽으면, 여러분은 이 물음들에 대한 충분한 해답을 얻을 수 있습니다.

공학 그리고 엔지니어란?

블록으로 건물을 세우고, 담요로 요새를 만들고... 공학 놀이는 정말로 재미있습니다! 그런데 여러분은 엔지니어가 되면 정확히 무슨 일을 하는지 생각해 본 적이 있나요?

우리는 이어지는 내용을 통해 공학이 무엇인지를 이해하고, 공학의 대표적인 4가지 분야에 대해서 알아봅니다. 그뿐만 아니라 엔지니어가 하는 업무, 그리고 공학 설계 과정(EDP, Engineering Design Process)에 대해서도 알게 됩니다.

엔지니어가 어떤 일을 하는지 알게 된다면, 장차 여러분이 엔지니어가 되기 위해 어떤 기술이 필요한지 알 수 있을 것입니다.

참고 이 책에서는 엔지니어와 공학자를 동일한 의미로 사용합니다. 공학 분야 종사자를 전반적으로 일컬을 때는 '엔지니어'로 서술하고 때때로 '기계 공학자'처럼 서술하기도 합니다. 본문의 흐름에 적합한 단어를 사용하는 것이니 참고하길 바랍니다.

공학이란 무엇일까요?

공학(Engineering)이란, 과학과 수학을 이용하여 사람들 또는 환경에 도움이 되는 것을 만들거나 개선하는 과정 전체를 말합니다. 공학 분야에서 일하는 사람들을 우리는 '엔지니어(Engineer)' 또는 '공학자'라고 부릅니다. 엔지니어는 문제를 해결함으로써 우리의 삶을 향상시킵니다. 그들은 생명을 구하는 기술을 개발하고, 더 안전한 도로를 만들기 위해 고민하고, 더 많은 식량을 생산할 수 있는 농업 기술을 개발하기도 합니다.

세상의 엔지니어들은 여러 갈래로 나누어집니다. 크게는 기계, 전기, 화학, 토목의 네 가지로 분류되며, 이들 간에는 서로 겹치는 업무도 있습니다.

● 기계 공학

기계 공학자들은 좁은 의미로는 '기계'를, 넓은 의미로는 '물건'을 만드는 방법을 연구합니다. 열과 동력 등을 다루며, 운동과 에너지(energy), 그리고 힘(force)에 대해서 연구합니다.

기계 공학자는 새 차를 설계하고 제작하며, 더 성능이 좋은 냉장고를 개발하기도 합니다. 수술용 로봇이나 엘리베이터, 롤러코스터의 견고한 안전장치를 개발할 때에도 기계 공학자가 반드시 필요합니다.

● 전기 공학

전기 공학자들은 전기 및 전력 공급 장치를 다룹니다. 전자 제품의 설계, 제작 및 시험에 관여하며, 특히 전자 및 컴퓨터 소프트웨어를 다루는 일도 전기 공학자의 업무입니다.

전기 공학자는 원격 제어 장난감이나 전기자동차의 엔진 등을 설계하기도 합니다. 새로운 컴퓨터 프로그램과 더욱 선명한 화질의 TV를 설계할 수도 있습니다.

● 화학 공학

화학 공학자들은 화학과 생명과학을 다룹니다. 그들은 화학 물질 및 합성 화학물들을 만들어 내고, 변형시키기도 합니다.

화학 공학자는 암을 퇴치할 신약을 개발하거나, 식품 생산 방식을 개선하는 데 종사합니다. 또한 플라스틱을 제조하는 새로운 방법을 모색하거나, 보다 효율적인 연료원을 개발하는 이들도 바로 화학 공학자입니다.

● 토목 공학

토목 공학자들은 사회 기반 시설을 담당합니다. 그들은 도로와 다리, 건물들, 심지어 댐까지 설계하고 건설하는 일을 합니다. 건축물이나 교량이 지진과 태풍에 안전하게 견딜 수 있는지 확인하는 일도 토목 공학자의 몫입니다.

토목 공학자는 화재와 연기의 유해한 영향으로부터 사람과 환경을 보호할 방법을 개발하고, 새로운 고속도로를 설계합니다. 또한, 토목 공학자는 초고층 빌딩이 거센 바람을 견뎌낼 수 있는지, 새로 만드는 다리가 그 위를 지나는 자동차들의 무게(weight)를 감당할 수 있는지의 문제를 건축가들과 함께 일하며 해결합니다.

엔지니어는 어떤 방식으로 일하나요?

여러분은 학교에서 과학적 방법론에 대해 들어본 적이 있을 거예요. 과학자들이 과학적 방법을 따르는 것과 마찬가지로, 엔지니어에게도 그러한 과정이 있습니다. 바로 공학 설계 과정입니다. 공학 설계 과정(EDP)은 엔지니어들이 문제를 해결하기 위해 거치는 작업 단계를 말합니다. 다섯 가지의 주요 단계가 있습니다.

1. 질문하기

엔지니어는 해결하고자 하는 문제에 대해서 다각적으로 질문해야 합니다. 우선, 해결해야 할 문제를 구체화해야 합니다. 이어서, 다른 사람들은 지금까지 그 문제를 어떻게 해결하려고 했는지 조사합니다. 이 단계에서 엔지니어는 어떤 것이 효과가 있었고 어떤 것은 효과가 없었는지 연구해야 합니다. 또한, 엔지니어는 문제 해결 과정에서 반드시 지켜야 하는 조건이나 요구사항이 있는지 확인해야 합니다. 예를 들어, 특정한 건축 자재를 사용해야 하는지와 같은 사항입니다.

2. 구상하기

이 단계에서 엔지니어는 문제에 대한 해결책을 브레인스토밍(Brainstorming)*합니다. 창의적이고 자유로운 발상이 가장 빛을 발하는 단계입니다. 이 단계에서는 모든 아이디어를 기록합니다.

브레인스토밍이 끝나면, 엔지니어는 아이디어를 추려내고 각각의 장단점을 검토합니다. 이때, 최상의 아이디어를 선택하기 위한 연구가 필요합니다.

3. 계획하기

일단 유력한 해결책을 선택하고 나면, 계획 단계로 접어듭니다. 가장 먼저 할 일은 종이 위에 해결책을 대략적으로 스케치하는 것입니다. 그리고, 다음 단계에 가서 만들게 될 프로토타입(제품의 초기 모델)에 필요한 다이어그램**과 더 구체적인 도면을 제작합니다.

또 계획 단계에서 중요한 것은 필요한 모든 자재의 목록을 작성하는 일입니다. 해결책을 진행해 나갈 모든 인력뿐만 아니라 반드시 수행해야 하는 작업들이 모두 포함됩니다. 또한 필요한 예산을 산출하는 것도 바로 이 단계에서 엔지니어가 해야 할 일입니다.

4. 제작하기

제작 단계에서 엔지니어는, 전 단계에서 만들어진 도면과 다이어그램에 따라 모델 또는 프로토타입(prototype)을 제작합니다. 그러고 나서 프로토타입을 시험해 보는 것 역시 제작 단계에서 할 일입니다. 공학 설계는 융통성 있는 과정이기 때문에, 엔지니어가 필요하다고 판단하면 이전의 계획 단계로 돌아갈 수 있습니다. 물론 프로토타입을 제작하는 중에 변경할 수도 있습니다.

5. 개선하기

엔지니어가 설계를 좀 더 개선할 방법에 대해 고민하는 단계입니다. 이때, 프로토타입을 어떻게 개선할지에 관한 질문을 던집니다. 어떤 게 효과가 있을까? 효과적이지 않은 것은? 좀 더 개선할 수 있는 부분은 어디인가?

엔지니어는 이 단계와 제작 단계를 오가면서 시험해 보고, 오류들을 제거해 나가고 재설계 하는 과정을 반복하게 됩니다.

공학 설계는 순환되는 하나의 과정이라는 것을 기억하길 바랍니다. 즉, 모든 단계를 반드시 정해진 순서에 따라 수행하라는 것이 아닙니다. 실제로는 이 단계 저 단계를 수도 없이 왔다 갔다 하게 될 것이며, 아예 처음부터 다시 시작하게 될 수도 있습니다.

● 현장 인터뷰

"마치 어려운 문제를 풀어내는 것과 같아서 저는 엔지니어라는 직업이 좋습니다. 단서를 찾아내고, 배우고, 문제를 해결하면서 과정을 수정합니다. 매일매일이 새롭습니다!

---

* 브레인스토밍(BRAINSTORMING)이란, 어떤 문제의 해결책을 찾기 위해 여러 사람이 생각나는 대로 마구 아이디어를 쏟아내는 방법입니다.

** 다이어그램(DIAGRAM)이란, 사각형이나 삼각형, 원형과 같은 도형을 이용해 정보를 시각화하는 기술입니다.

제가 가장 좋아하는 프로젝트는 새로운 조립 과정을 개발했던 것입니다. 서로 다른 장치들을 결합하여 함께 작동시킴으로써 오래된 과정을 자동화하는 일이었습니다. 우리는 새 프로그램을 짜고, 새로운 개념을 시도하고, 실패를 거듭한 끝에 해냈습니다! 내 손으로 만들어낸 그 변신을 보고 너무나 큰 보람을 느꼈습니다."

– 기계 공학자, 에린 그다니에츠크, 파커 한니핀사의 SSBB***

엔지니어가 되고 싶어요, 어떤 지식이 필요한가요?

여러분 혹시 블록 쌓기 좋아하나요? 게임 속에서 캐릭터나 아이템 같은 것을 만들 수 있는 게임을 해 본 적이 있나요? 이런 놀이를 할 때 여러분은 창의력과 상상력을 발휘합니다. 훌륭한 엔지니어 역시 이 두 가지 기술을 매일 사용합니다. 호기심 또한 엔지니어에게 매우 중요합니다. 호기심은 엔지니어가 새로운 것을 탐구하고 창조하도록 유도합니다. 엔지니어에게는 뛰어난 문제 해결 능력도 필요합니다. 팀에서뿐만 아니라 혼자서도 문제를 해결할 수 있어야 합니다.

엔지니어가 되기 위해서는 STEAM(과학, 기술, 공학, 예술, 수학)의 모든 요소들이 하나같이 중요합니다.

공학자들은 새로운 아이디어를 개발할 때 과학을 적용합니다. 예를 들어, 화학 공학자는 헤어스프레이 제품을 만들 때, 모발을 차분하게 고정시키면서도 부드러운 터치감을 유지하기 위해 고분자(polymer)에 대해서 알아야 합니다. 기계 공학자는 연속으로 세 바퀴를 도는 새로운 롤러코스터를 디자인하기 위해 물리학 지식을 필요로 합니다.

여러분이 집에서 매일 도구를 사용하는 것처럼, 엔지니어들도 매일 기술을 사용합니다. 공학 설계의 계획 단계에서는 CAD라는 기술을 사용하여 도면과 다이어그램을 그리고, 3D 프린터를 사용하여 모델과 프로토타입을 속성으로 만들어냅니다. 토목 공학자들은 도로를 변경하기 전에 교통 상황을 분석하기 위해 카메라를 사용합니다.

공학 분야에서는 예술 또한 매우 중요합니다. 예술적인 사람들은 매우 창의적이며, 창의력은 훌륭한 공학자의 필수 요건입니다. 토목 공학자는 지진을 견디는 것은 물론, 외관도 아름다운 건물과 다리를 만들기 위해 예술을 필요로 합니다. 기계 공학자는 사람들의 시선을 사로잡고 에너지 효율도 뛰어난 신차를 디자인할 때 예술을 사용합니다.

엔지니어들은 매일 수학을 사용합니다. 부품들이 서로 정확하게 맞물리기 위해서는 정교한 측정이 이루어져야 합니다. 새로운 댐을 설계하는 토목 공학자는 물이 얼마나 빨리 흐르는지 계산할 때 수학을 사용합니다. 컴퓨터 공학자는 컴퓨터 프로그램의 오류를 수정하기 위해 수학을 필요로 합니다.

이처럼 엔지니어들은 각 분야의 다양한 기술을 사용합니다. 그리고 이 각각의 기술은 다른 직업에서도 꽤 유용합니다.

***SSBB(SIX SIGMA BLACK BELT)는 6시그마 활동의 최고 전문가로서, 한 기업의 6시그마 활동을 실무적으로 이끌어 가는 역할을 합니다.
6시그마(6Σ)는 기업에서 전략적으로 완벽에 가까운 제품이나 서비스를 개발하고 제공하려는 목적으로 정립된 품질경영 기법 또는 철학으로서, 기업 또는 조직 내의 다양한 문제를 구체적으로 정의하고 현재 수준을 계량화하고 평가한 다음 개선하고 이를 유지·관리하는 경영 기법입니다. (역자주)

공학 활동을 시작하기 전에

이 책의 사용법

창조의 기쁨을 맛볼 준비가 됐나요? 나만의 태양열 오븐과 공기부양정에 사용될 전자석에 이르기까지, 이 책의 공학 활동에는 배움과 즐거움이 언제나 함께 합니다.

잠깐 책을 훑어보면, 각각의 활동은 몇 개의 영역으로 구성되어 있다는 것을 알 수 있습니다. 활동하는 데 걸리는 예상 시간이 나와 있고, 필요한 재료 목록과 단계별 설명이 있습니다. 활동을 시작하기 전에, 무엇에 관한 활동인지 이해할 수 있는 간략한 소개 글이 있습니다. 활동의 배경과 원리를 설명하는 '왜 그럴까요?' 코너와, 여러분의 학습을 더욱 발전시킬 새로운 아이디어를 제시하는 '좀 다르게 해볼까요?' 코너를 확인할 수 있습니다.

각 공학 활동에는 STEAM의 요소가 함께 작동합니다. 활동마다 STEAM의 구성 요소들이 어떻게 상호 작용하는지 설명하는 코너가 있습니다. STEAM의 특정 분야에만 집중된 활동이 있는 반면, STEAM의 모든 요소들이 혼합된 활동도 있다는 것을 확인할 수 있습니다.

활동하기 전에

먼저, 어떤 공학 활동이 있는지 '공학 활동 꾸러미'에 있는 활동들을 빠르게 훑어보길 바랍니다. 그리고 특별히 관심이 가는 활동 몇 가지를 선택합니다. 처음부터 순서대로 하지 않아도 괜찮습니다. 원하는 순서대로 자유롭게 활동을 시작하세요!

내가 고른 활동의 난이도를 확인합니다. '보통'이나 '어려움'보다는 '쉬움'이라고 표시된 활동부터 시작할 것을 권장합니다.

각 활동의 소개 부분에서는 무엇을 다루는지, 무엇을 배우게 될지를 간단하게 설명해 줍니다. 어떤 활동을 먼저 할지 결정하는 데 이 소개 글이 도움이 될 수 있습니다.

어떤 활동을 먼저 할지 골랐다면, 시작하기 전에 보호자(어른)와 함께 검토해야 합니다. 활동하는 데 걸리는 시간도 확인합니다. 대부분 15~20분 안에 끝낼 수 있지만, 더 오래 걸리는 활동도 있습니다. 활동이 끝나고 정리할 시간이 되는지도 확인합니다.

활동 중에는 [! 경고] 문구가 있는 것들이 있습니다. 유난히 주변이 어질러질 수 있거나 어른이 옆에서 지켜보거나 도와줘야 하는 경우입니다. 이러한 경고 문구에 각별히 주의를 기울이길 바랍니다.

활동에 필요한 재료들은 대부분, 여러분의 집에서 찾을 수 있는 것들입니다. 몇 가지 활동에 필요한 재료들을 목록으로 정리해서 미리 준비하는 것도 좋습니다. 활동에 필요한 재료가 없을 경우, 비슷한 재료로 대신할 수 있습니다. 예를 들자면, 음료수 빨대가 없을 때 대신 플라스틱 튜브를 사용해도 된다는 것입니다.

활동하기

여러분은 어떤 활동을 할 것인지 마음을 정했을 것입니다. 자, 다음은요?

먼저 활동에 대한 소개 글을 읽고 내용을 파악합니다. 그런 다음, 전체 내용을 꼼꼼하게 읽습니다. 각 활동에는 여러분이 따라야 할 단계별 지침이 있습니다. 최대한 주의를 기울여 따라 해 주세요.

여러분들은 아마도 활동들을 한 번에 성공할 수 있을 것입니다. 하지만 간혹, 다른 방법으로 다시 시도해야 될 수도 있습니다. 실제 엔지니어들이 하는 일이 바로 이런 것입니다. 설계한 것을 끊임없이 시험하고 변경하면서 개선해 나가는 일입니다.

생각대로 활동이 진행되지 않을 때는 어떻게 하나요? 우선 원인을 찾을 수 있는지 살펴봅니다. 측정이 잘못된 건 아닌지, 빠뜨린 단계가 있는 건 아닌지요?

기억하세요! 실수는 배움으로 가기 위해 거쳐갈 하나의 경로입니다. 활동이 지시한 대로 풀리지 않더라도, 여러분은 문제를 해결하는 방법을 찾아갈 수 있습니다. 그리고 이때 가장 중요한 것은 여러분이 그 과정에서 즐거움을 찾는 것입니다.

활동이 끝나면, 그 활동을 작동하게 만든 숨은 원리를 설명한 '왜 그럴까요?' 코너를 반드시 확인합니다. 이곳에는 과학의 원리와, 여러분이 장차 공학 활동에 사용할 수 있는 다양한 지식들이 가득합니다.

간혹 활동 중에 여러분이 모르는 단어가 나올 수 있습니다. 이 책 뒤에는 미래의 엔지니어들이 알아야 할 새로운 과학 용어와 중요한 공학 용어들을 모아 놓은 [찾아보기: 과학 용어 사전]이 있습니다.

각 활동의 마지막 코너인 '좀 다르게 해볼까요?'에는, 여러분이 배운 새로운 지식을 응용해서 할 수 있는 추가적인 활동이 있습니다. 이 활동을 통해서 여러분은 더 깊은 지식을 알아가는 재미를 느낄 수 있습니다. 한 걸음 더 나아가, 여러분 스스로 활동을 변형할 아이디어를 생각해낼 수도 있습니다. 그것이 바로 엔지니어가 되어 가는 과정입니다!

STEAM의 모든 요소들은 서로 밀접하게 연관되어 있습니다. 이 책에는 공학(Engineering) 활동들이 실려 있지만 STEAM의 다른 요소들을 모두 사용하고 있습니다. 활동에서 STEAM의 요소들이 어떻게 연관되어 있는지 알기 쉽게 설명해 두었습니다.

공학 활동을 시작할 준비가 되었나요? 지금까지 우리는 이 책의 사용법과, 활동을 준비하는 방법에 대해서 살펴봤습니다. 자, 이제 여러분이 신나는 공학 활동을 시작할 차례입니다!

공학 활동 꾸러미

공학의 세계에 빠질 준비가 됐나요?

여러분은 이 책과 함께하는 동안, 다양한 공학 활동의 계획을 세우고 계획한 대로 결과물을 만들어 내고, 또 시험해 볼 수 있습니다. 여러분이 할 활동들은 물레방아 만들기, 고무줄로 경주용 자동차 만들기, 롤러코스터를 설계하는 것뿐만 아니라 심지어는 플라스틱까지 만들어 볼 수 있습니다! 이 활동들은 여러분에게 단순한 과학적 개념만 가르쳐주는 것이 아니라, 수학과 예술 등 STEAM과 관련된 많은 것을 알려줄 것입니다. 여러분은 흥미진진한 활동을 즐기면서 질문하는 방법을 배우고, 창의적으로 생각하는 방법, 문제를 해결하는 방법을 익힐 수 있습니다.

그럼 활동을 시작해 볼까요!

이쑤시개-마시멜로 탑

⚠ 어린이 혼자 하면 위험해요. 어른과 함께 실험해 보아요!

교과 연계: [수학] 6학년 1학기 2단원 각기둥과 각뿔

1889년에 세워진 에펠탑은 그 당시, 세계에서 가장 높은 인공 건축물이었습니다. 에펠탑은 수많은 삼각형의 철골 구조물로 이루어졌는데, 이러한 설계는 탑을 견고하게 지탱합니다. 우리는 활동을 통해서, 오늘날 건축 공학자들이 기하학(Geometry)을 사용하여 이동전화 기지국 타워나 고층 빌딩을 설계하고 건설하는 방법을 배우게 됩니다.

프랑스 파리의 상징 에펠탑

30분
활동 시간

쉬움
난이도

공학 활동 키워드
건축 공학   토목 공학   기하학

 재료

➡ 둥근 이쑤시개 한 통
(납작한 이쑤시개보다 단단합니다)

➡ 작은 크기의 마시멜로

➡ 줄자

 활동 순서

1 이쑤시개 양쪽 끝에 작은 마시멜로를 하나씩 꽂아 줍니다.

2 여러 개의 이쑤시개와 마시멜로를 연결해서 삼각형을 만들 수 있을까요? 그렇다면 정사각형 모양은 만들 수 있을까요? 우선 이쑤시개와 마시멜로를 사용해서 간단한 모양의 도형을 여러 개 만들어 봐요.

3 이쑤시개와 마시멜로로 이루어진 도형을 어느 정도 만들었다면, 이 도형들을 이쑤시개로 연결해서 탑을 쌓아 보아요. 얼마나 높이 쌓을 수 있을까요? 여러분이 세운 탑의 높이를 측정해 주세요.

4 하나의 탑을 완성했다면, 그보다 더 높은 탑을 쌓는 것에 도전해 봐요! 탑이 튼튼하게 버티고 서있으려면 어떻게 해야 할까요?

❗ 경고   이쑤시개는 매우 뾰족합니다! 손가락이 찔리지 않게 조심하고, 활동이 끝나면 빠짐없이 주워야 합니다.

☑ 왜 그럴까요?

실제 탑과 마찬가지로, 여러분이 만든 탑이 무너지지 않으려면 튼튼한 기반이 필요합니다. 여러분은 탑의 모양이 위로 갈수록 좁아져야 더 높고 견고하게 쌓을 수 있다는 것을 알게 됐을 것입니다. 그래야만 바닥으로부터 무게중심(Center of Gravity)을 잘 유지할 수 있으니까요. 여러분이 만든 탑은 어떤 모양인가요?

어쩌면 여러분은 높은 탑을 만들 때 이쑤시개와 마시멜로로 만든 도형 중, 삼각형 모양을 사용하면 더욱 높게 쌓을 수 있다는 사실을 눈치챘을지도 모릅니다. 삼각형은 매우 견고한 형태입니다. 쉽게 구부러지거나 변형되는 사각형이나 직사각형과 달리, 삼각형은 압력을 받아도 원래의 형태를 유지할 수 있습니다. 삼각형은 한 꼭짓점에서 가해지는 힘을 양쪽 꼭짓점으로 분산시켜 보다 안정적으로 힘이 분산되기 때문이죠. 반면 사각형은 한 꼭짓점에서 가해지는 힘이 양쪽 꼭짓점으로 분산되고 또 그 힘이 나머지 한 꼭짓점으로 모여 힘이 한 곳에 집중되어 모양이 변형되기 쉽습니다.

🔬 STEAM 연결고리

마시멜로와 함께해서 달콤한 토목 공학 활동이었나요? 우리는 이 활동에서, 우리가 쌓은 탑의 높이를 재기 위해 '줄자'라는 도구를 사용했습니다. 또한 구조물을 만들 기본 도형을 선택할 때 수학 Ⓜ (기하학)을 사용했습니다. 그리고 마지막으로, 탑의 외형을 멋지게 만들기 위해 예술 Ⓐ 을 사용했습니다.

➕ 좀 다르게 해볼까요?

여러분은 탑을 높이 쌓는 방법을 배웠습니다. 이 방법을 활용해서, 이번에는 높이 15cm에, 작은 책 한 권을 얹었을 때에도 무너지지 않는 견고한 이쑤시개-마시멜로 탑을 만들 수 있을까요?
이쑤시개 대신 스파게티 건면도 사용해 보세요. 이쑤시개를 사용할 때보다 높은 탑을 쌓기가 더 어려울까요, 쉬울까요?

여기서 잠깐! 알아두면 쓸모 있는
지식 모아보기

건축 자재의 발전: 철근 콘크리트의 발명

구스타브 에펠(Gustave Eiffel)에 의해 지어진 에펠탑은 1889년에 프랑스 혁명 100주년을 기념하며 파리 만국박람회에 세워졌는데, 그 당시 세계에서 가장 높은 타워였답니다. 건축 역사에 '철의 시대'가 시작되었음을 알리는 기념비적인 건축물이었지요. 이후로 건축 자재엔 많은 발전이 이뤄졌습니다.

옛날 옛적에는 나무나 진흙, 벽돌 등을 쌓아 건물을 쌓아 올렸습니다. 그러나 강한 바람이나, 외부의 충격을 견디지 못하는 부실하다는 단점이 있었죠. 요즘 건축되는 건물들은 대부분 철근 콘크리트 자재를 활용하여 지어집니다. 놀랍게도 철근 콘크리트는 토목 공학자나 건축가가 아닌, 원예가인 조셉 모니에(Joseph Monier)에 의해 1865년에 발명되었습니다. 모니에는 쉽게 깨지는 화분이 늘 고민이었는데, 더 튼튼한 화분을 만들기 위해 여러모로 도전하다가 진흙으로 구운 화분에 철망을 넣어 시멘트를 붙인 화분을 제작하게 되었습니다. 새로 만든 화분은 매우 튼튼했으며, 이 화분으로 많은 돈을 벌게 된 모니에는 이 기법을 계단이나 다리에도 적용하기 시작했습니다. 바로 이것이 철근 콘크리트의 시작입니다.

콘크리트는 압축에는 강하지만 잡아당기는 힘인 인장력에는 약해서 쉽게 갈라지거나 부서지는 단점이 있었습니다. 그래서 규모가 작은 건축물에만 사용이 된 건축 자재였죠. 그러나 모니에가 발명한 철근 콘크리트 기법이 세상에 알려지면서 20세기 건축 환경을 획기적으로 바꾸는 건축 자재가 되었답니다!

미니 종이 로켓

로켓을 만들어 날리는 것만큼 재미있는 게 있을까요! 진짜 로켓은 연료를 태우면서 발사됩니다. 연료에 불을 붙였을 때 생성되는 가스가 엄청난 힘으로 로켓의 끝에서 분출되고, 그 힘으로 로켓은 공중으로 쏘아 올려집니다. 이번 활동에서 여러분은 직접 미니 종이 로켓을 만들어 발사할 것입니다.

 활동 순서

● 종이 로켓 만들기

1. A4 용지로 로켓의 몸통을 만듭니다. A4 용지에 자를 대고 10×15cm 크기로 직사각형을 그린 뒤, 가위로 오려냅니다. 바로 이 직사각형이 로켓의 몸통이 될 거예요!

2. 오려낸 직사각형에 색연필이나 사인펜으로 알록달록하게 선이나 무늬를 그려 장식합니다.

3. 그림이 그린 면이 바닥으로 가도록 직사각형 종이를 뒤집어 놓고 얇은 색연필 하나를 직사각형에서 긴 변에 올린 뒤, 단단하게 종이를 돌돌 말아줍니다. 종이를 돌돌 말면 알록달록 장식한 면이 바깥쪽을 향해 드러나지요?

4. 말려진 종이 튜브를 테이프로 고정하고 색연필은 빼냅니다.

5. 튜브의 한쪽 끝에서 6mm 정도 되는 곳을 꺾어서 접고, 테이프로 붙입니다. 이렇게 종이 로켓이 완성됐습니다!

 20분
활동 시간

 쉬움
난이도

 기계 공학   로켓
공학 활동 키워드

 재료

- ➡ 자
- ➡ A4 용지 1장
- ➡ 가위
- ➡ 색연필이나 사인펜
- ➡ 투명 테이프
- ➡ 빨대(또는 종이 빨대)
- ➡ 줄자
- ➡ 메모지(선택사항)

QR 코드를
스캔하면
관련 영상을
볼 수 있어요!

활동 순서가 헷갈린다면
영상을 참고해서
따라하길 바랍니다.

 현장 인터뷰

저는 세 대륙을 오가며 여러 프로젝트를 수행해 왔습니다. 상업용 비즈니스 제트기의 비행 실험, 자동차의 음향과 진동 분석, 시스템 엔지니어링, 그리고 소프트웨어 설계도 했습니다. 과학을 펼칠 기회는 무궁무진합니다.

- 기계 공학자, 사라 도이치

● 로켓 발사 시험하기

1 로켓을 발사할 차례입니다. 준비한 빨대를 원통형의 튜브가 된 종이 로켓에 끼워줍니다. 빨대의 반대쪽 끝을 입으로 힘껏 불어서, 발사!

2 로켓을 여러 번 발사해 보면서, 로켓이 어떻게 날아가는지 유심히 관찰합니다. 돌면서 날아가나요? 똑바로 날아가나요?

3 로켓이 날아간 거리를 줄자로 재어 봅니다. 로켓이 떨어진 지점에 메모지를 붙이고, 그 거리를 기록해 보아요.

● 날개 달린 새 로켓 만들기

1 이제 '종이 로켓 만들기'의 1~5단계를 따라 새 로켓을 만들고, 로켓에 날개 2개를 더해 줍니다. A4 용지에 자를 대고 높이 5cm, 너비 2.5cm로 직사각형을 그린 뒤, 직사각형에 대각선을 긋습니다. 그럼 크기가 같은 두 개의 직각삼각형이 나오겠죠? 종이에 그려진 두 직각삼각형을 오려냅니다.

2 종이 로켓 아래쪽에 두 직각삼각형이 좌우대칭이 되도록 테이프로 붙입니다.

3 새 로켓을 발사합니다. 처음의 로켓과 어떻게 다른가요? 아직도 공중에서 돌면서 날아가나요? 처음의 로켓보다 더 안정적으로 날아가나요?

4 날개 달린 새 로켓이 날아간 거리를 줄자로 잽니다.

☑ 왜 그럴까요?

여러분이 빨대를 불어 종이 로켓 속에 공기를 주입하면, 공기가 로켓 쪽으로 이동합니다. 공기는 구부러진 로켓의 끝에 부딪히게 되고, 원통형 튜브 속(종이 로켓 속 공간)의 가장자리로 빠져나가면서 종이 로켓이 빨대로부터 발사되게 합니다. 로켓에 날개를 붙이면 로켓이 발사될 때 흔들리지 않게 유지하는 역할을 합니다. 마치 화살 끝에 달려서 나부끼는 깃털과 같은 원리입니다.

STEAM 연결고리

이 기계 공학 활동은 STEAM의 모든 요소를 사용합니다. 여러분은 로켓을 발사하기 위해 과학 **⑤**(물리학)을 사용하고, 기술 **①**이 접목된 가위라는 도구를 사용했으며 로켓에 색을 입히고 날개를 디자인하면서 예술적 **④** 요소를 가미했습니다. 또한 로켓의 비행 거리를 측정할 때 수학을 사용하고, 수학 **⑩**의 기하학을 사용해서 새 로켓의 날개를 만들었습니다.

➕ 좀 다르게 해볼까요?

로켓에 삼각형 날개 2개를 더 붙이면 어떻게 될까요? 날개 모양을 다르게 만들면 결과가 어떻게 달라질까요? 날개를 둥근 모양으로도 만들어 보세요.

여기서 잠깐! 알아두면 쓸모 있는
지식 모아보기

우리나라도 우주 강국! 나로호와 누리호가 쏘아 올린 우주를 향한 꿈!

2021년 10월 전남 고흥의 나로우주센터에서는 순수 우리나라 기술력으로 빚어낸 우주 발사체이자, 저궤도(600~800km) 실용 위성 발사를 목적으로 하는 한국 최초의 로켓 누리호의 발사가 있었습니다. TV에서 생중계되기도 했는데, 여러분은 보았나요?

누리호 이전에 전 국민의 관심을 끈 우리나라 로켓이 또 하나 있는데요. 바로 나로호입니다. 나로호는 한국 최초의 우주 발사체로 러시아와의 국제 협력을 통해, 러시아의 기술과 우리나라의 기술이 더해진 로켓이지요. 지구 저궤도에 소형 인공위성을 올려놓는 목적으로 설계된 나로호는 총 세 번의 시도 끝에 2013년, 마침내 궤도 투입에 성공했습니다.

누리호와 나로호는 여러모로 차이가 있는데요. 무엇보다 큰 차이점은 누리호는 순수 우리나라의 기술로만 개발한 로켓인 반면에, 나로호는 러시아의 기술이 더해졌다는 점입니다. 나로호 발사 성공 7년 후, 우리만의 기술로 로켓을 만들었다는 점이 정말 대단하지 않나요? 또 누리호는 나로호와 다르게 총 3단으로 이루어졌답니다.

누리호는 아쉽게도 궤도 안착에 실패했지만, 기술적인 부분을 보완하여 2차 발사를 시도한다고 합니다. 순수 우리나라 기술로 개발한 로켓인 누리호, 누리호가 발사에 성공하는 그 순간을 여러분도 함께 즐기길 바라요!

나만의 물시계

⚠️ 어린이 혼자 하면 위험해요. 어른과 함께 실험해 보아요!

교과 연계: [사회] 5학년 2학기 1단원
옛사람들의 삶과 문화 – 조선시대, 세종대왕

초창기의 시계는 지금과는 달리 시침 하나만 있었어요. 17세기가 되어서야 드디어 분침이 나타나기 시작했습니다. 상상이 되나요? 오늘날과 같은 시계가 등장하기 전에는, 물시계가 시간의 흐름을 추정하기 위한 유일한 방법이자 도구였습니다. 이번 활동에서는 물시계가 어떻게 작동하며, 공학적으로 어떻게 만들어지는지 배우게 됩니다.

활동 시간 **15분**

⭐ **쉬움**

난이도

공학 활동 키워드

기계 공학
시간의 흐름

활동 순서

● 물시계 만들기

1. **보호자** 일회용 플라스틱 컵의 바닥 한가운데에 압정으로 구멍을 냅니다.

2. 플라스틱 컵을 유리병 입구에 얹어 놓습니다.

3. 플라스틱 컵에 물을 가득 채웁니다. 컵에 있는 물이 바닥의 구멍을 통해 유리병 속으로 떨어지나요? 떨어지는 것을 확인했다면 타이머나 스톱워치를 작동시킵니다. 바로 이것이 물시계랍니다!

❗ **경고** 압정은 꽤 날카로우니 사용할 때 조심하세요.

 재료

→ 압정

→ 일회용 플라스틱 컵
(유리병 입구에 걸쳐서 넣었을 때 바닥에 닿지 않아야 합니다)

→ 유리병

→ 주전자

→ 타이머 또는 스톱워치

→ 유성 마커

● 시간 눈금 표시하기

1 타이머가 1분이 되었을 때, 유성 마커로 유리병에 현재의 물 높이를 표시합니다.

2 2분이 되었을 때의 물 높이도 표시합니다.

3 타이머를 보고 3분, 4분, 5분 계속해서 표시합니다.

● 물시계 확인하기

1 유리병에 담긴 물을 비우고, 다시 플라스틱 컵에 물을 담아 유리병에 얹습니다.

2 이번에는 타이머를 보고 내가 만든 물시계가 정확하게 맞는지 확인합니다. 타이머가 1분이 되었을 때, 유리병에 유성 마커로 표시한 1분의 높이만큼 물이 채워졌나요? 2분, 3분… 그 이후의 시간은 유리병에 표시해둔 물 높이와 일치하나요?

☑ 왜 그럴까요?

물시계는 물이 떨어진 정도에 따라 시간을 측정합니다. 이 시계에서 여러분은 시간의 경과를 표시했습니다. 정확하게 표시했다면 시계가 없어도, 물이 첫 번째 선에 도달했을 때 여러분은 1분이 지났다는 것을 알게 되고, 두 번째와 세 번째 선에 도달했을 때 2~3분이 지난 것을 알 수 있습니다.

STEAM 연결고리

이 기계 공학 과제에서, 여러분은 타이머라는 도구와 기술 **T** 을 사용해서 물시계를 만들었습니다. 물시계는 그 자체로도 하나의 기술입니다. 그리고 우리는 시간을 측정할 때, 수학 **M** 까지 사용했습니다.

좀 다르게 해볼까요?

컵의 모양이 다르면 물이 떨어지는 속도가 달라질까요? 일회용 플라스틱 컵 대신 다 마시고 남은 플라스틱 음료 병을 재활용해 보세요.

여기서 잠깐! 알아두면 쓸모 있는
지식 모아보기

혹시 '자격루'라고 들어 보았나요? 자격루는 조선시대에 만들어진 우리나라 최초의 자동 물시계입니다. 우리가 모두 아는 가장 위대한 왕, 세종대왕이 조선을 통치하던 시기에 만들어졌어요. 그 당시에도 물시계는 있었지만, 사람이 직접 눈금을 읽어야만 시간을 알 수 있었답니다. 그래서 세종대왕은 "사람이 눈금을 직접 읽지 않아도 때가 되면 저절로 시각을 알려주는 물시계를 만들라."고 지시하였고, 당대 최고의 과학자였던 장영실이 시청각적으로 시각을 알 수 있는 자동 시보장치가 달린 자격루를 1434년 만들어냈답니다.

종이 탑

공학자가 새 프로젝트를 시작할 때 염두에 둬야 할 것 중 하나는 그들에게 주어진 자원의 한계치입니다. 보통은 일정한 예산이 정해져 있어서 예산 한도 내에서만 자원을 쓸 수 있습니다. 때로는 프로젝트에서 사용해야 할 재료가 미리 정해지기도 합니다. 이번 활동은 최대한 높은 탑을 쌓는 것입니다. 단, 재료의 양이 정해져 있습니다. 이번 활동을 통해 창의적으로 생각하고, 자원을 현명하게 사용하는 방법을 배울 수 있을 것입니다.

20분
활동 시간

보통
난이도

공학 활동 키워드

토목 공학   건축 공학
무게중심과 하중

재료

➡ A4 용지 12장
➡ 마스킹 테이프 60cm

활동 순서

1 A4 용지로 탑의 기초와 기둥을 만듭니다.
A4 용지 한 장을 긴 쪽 방향으로 꼭꼭 말아서 긴 원통 모양의 튜브로 만듭니다. 종이 튜브가 풀리지 않도록 중심을 잡으면서 테이프로 고정합니다. 이때, 테이프를 아껴서 써야 합니다. 테이프는 60cm로 그 양이 정해져 있고, 종이 탑을 쌓으려면 테이프가 많이 필요할 테니까요!

2 탑을 쌓는 기초에 필요한 만큼의 종이 튜브를 더 만들고, 최소한의 테이프를 사용해서 잘 붙이거나 묶습니다.

3 탑의 기초를 견고하게 만들었다면, 이제 탑을 위쪽으로 쌓아 올립니다. 상상력을 발휘해서 최대한 높은 탑을 세워 보세요.

☑ 왜 그럴까요?

종이를 말아서 원통 모양의 튜브로 만들면 높은 탑을 견고하게 지탱하는 데 도움이 됩니다. 원통 모양은 무게(하중)를 고르게 전체로 분산시키기 때문에 기하학 형태 중 안정적인 형태입니다.

STEAM 연결고리

여러분은 이 토목 공학 과제에서, 탑의 무게중심을 다루는 과학 ⑤ 을 사용합니다. 탑을 설계할 때는 보다 아름답게 탑을 만들기 위해 예술 ⑥을 사용합니다. 또한 종이로 원통형의 튜브를 만들고, 탑의 높이를 측정할 때는 수학 ⑩ 기술을 사용합니다.

➕ 좀 다르게 해볼까요?

탑의 꼭대기에 공을 올려놓아도 무너지지 않는 튼튼한 종이 탑을 세울 수 있을까요?

여기서 잠깐! 알아두면 쓸모 있는
지식 모아보기

직업의 모든 것: 토목 공학자

토목은 문명의 역사라고 할 수 있을 정도로 유사 이래 인간의 역사와 함께 해왔어요. '토목'이라는 용어에는 한 명의 개인보다는, 좀 더 큰 규모의 지역 또는 국가의 이익을 우선하면서 생활의 편의를 위한 건설을 지향한다는 의미가 담겨 있답니다. 그렇다면 이러한 토목을 담당하는 토목 공학자들은 어떤 일을 하고, 또 무엇을 공부해야 할까요?

토목 공학자들은 태풍과 홍수뿐만 아니라 지진 등의 자연재해를 견딜 수 있는 튼튼하고 견고한 건축물을 설계하는 업무를 합니다. 건물을 지탱하는 기반인 땅이 튼튼한지 측정하는 것부터 건물의 뼈대를 세우고 안전하게 유지하는 것까지 모두 토목 공학자의 손에 달려 있지요. 이웃 나라인 일본은 지진이 자주 일어나는데, 지진에도 건물이 쉽게 무너지지 않도록 내진 설계를 하는 것도 모두 토목 공학자의 일이랍니다.

토목 공학자가 되려면 대학에서 토목 공학을 전공해야 합니다. 수학이나 물리학, 지질학, 건축학, 기계 공학, 산업 공학, 도시 공학 등 건축과 관련된 분야를 널리 배우면 큰 도움이 돼요.

휴지심 현수교

미국 샌프란시스코의 랜드마크이자, 세계 **최초의 현수교**인
금문교(Golden Gate Bridge)

혹시 차를 타고 아주 긴 다리를 건너본 적 있나요? 먼 거리를 잇는 긴 다리들은 대부분 현수교입니다. 이번 활동으로 우리는 다리를 직접 제작해 보고, 현수교의 과학적 원리를 배울 수 있습니다.

활동 시간 **45**분

난이도 어려움

공학 활동 키워드

| 토목 공학 | 현수교 |
| 무게와 하중 | |

활동 순서

● 교각* 세우고, 케이블 연결하기

1 홀 펀치를 이용하여 휴지심 한쪽 끝에 서로 마주 보도록 2개의 구멍을 냅니다.

2 120cm 길이의 실을 2개 준비합니다.

3 바닥에 테이프로 실의 한쪽 끝을 붙여 고정합니다.

4 실의 다른 쪽 끝은, 휴지심 2개에 통과시킵니다. 휴지심 하나에 두 개의 구멍이 뚫려 있으니 총 4개의 구멍에 실이 지나가겠죠?

5 4번의 휴지심 2개를 세워 놓습니다. 이때, 실이 지나가는 구멍이 위쪽이 될 수 있게 세우세요. 아래가 되면 안됩니다.

* **교각**은 다리를 받치는 기둥입니다. 예를 들어 한강 위 대교를 지날 때, 한강에 잠긴 다리의 기둥들이 있죠? 이것들을 교각이라고 합니다.

재료

● 홀 펀치(구멍 뚫는 기구)

● 키친타월 휴지심 4개

● 자   ● 가위

● 실 또는 끈

● 마스킹 테이프

● 두꺼운 종이
(두꺼운 도화지도 가능합니다)

● 파이프 클리너 5개
(국내에서는 '모루'라고도 합니다. 빨대 같은 튜브의 내부를 청소하는 기구로 인터넷에서 쉽게 검색하여 구할 수도 있고 큰 문구점이나 문구센터에서도 찾을 수 있습니다)

6 3번에서 실을 붙여 놓은 지점에서 20cm 정도 떨어진 지점에 첫 번째 휴지심을 세우고, 휴지심을 바닥에 테이프로 고정합니다.

7 첫 번째 휴지심 위치에서 30cm 떨어진 곳에 두 번째 휴지심을 세워 테이프로 고정합니다. 고정된 실 끝과 2개의 휴지심이 일직선상에 놓이게 됩니다.

8 두 번째 휴지심에서 20cm 정도 떨어진 바닥 지점에 반대쪽 실 끝을 테이프로 바닥에 붙입니다.

9 두 개의 휴지심 사이에 있는 실을 조심스럽게 잡아당겨 휴지심과 휴지심 사이의 실이 U자 모양으로 축 늘어지게 만듭니다. 이렇게 다리의 한 쪽이 만들어졌습니다.

10 1~9번과 같은 방법으로 다른 쪽도 만듭니다. 양쪽 교각의 간격(폭)은 약 6cm가 되도록 합니다.

● 도로 만들기

1 두꺼운 종이를 가로 6㎝, 세로 70㎝ 크기로 길게 자릅니다. 바로 이 종이가 휴지심 현수교에서 도로 역할을 하게 됩니다. 사진처럼 두꺼운 종이를 촘촘히 접은 뒤 펴주면, 6번의 활동 과정을 수행할 때 편리합니다.

2 실제 현수교에서는 도로가 있는 교량 덱을 케이블이 지지합니다. 우리가 만든 다리에서는 파이프 클리너(모루)와 실이 케이블의 역할을 합니다.
2개의 휴지심 사이에 U자로 늘어뜨린 실의 중간쯤에, 파이프 클리너의 한쪽 끝을 고리처럼 만들어서 걸어 놓습니다. 파이프 클리너의 다른 쪽도 맞은편 실의 중앙에 고리를 만들어 잘 걸어 둡니다.

3 2번과 같은 방법으로 파이프 클리너를 2개 더 걸어 줍니다. 파이프 클리너끼리는 서로 5cm 떨어져 있도록 합니다.

4 잘라 놓은 두꺼운 종이를 파이프 클리너 위에 얹습니다. 두꺼운 종이로 만든 도로가 바닥과 수평이 될 수 있도록 파이프 클리너의 위치를 조절합니다.

5 파이프 클리너를 양쪽에 하나씩 2개 더 추가하고, 여전히 도로가 수

평을 유지하는지 확인합니다.

6 도로의 양 끝이 땅과 이어지도록, 두꺼운 종이의 양쪽 끝부분을 아래쪽으로 구부려 줍니다.

☑ 왜 그럴까요?

현수교란, 교각(휴지심)에서 내려온 케이블(실)에 도로(두꺼운 종이)가 매달려 있는 교량을 말합니다. 교각들은 교량 도로의 하중(무게)을 지탱합니다. 교각을 통해 지상으로 연결되는 케이블(활동 초반, 실을 바닥에 테이프로 붙였었죠?)도 하중을 지탱하며, 하중의 일부를 교량이 고정된 지면으로 분산하는 역할을 합니다.

🔬 STEAM 연결고리

이 토목 공학 활동에서 여러분은 힘(역학)을 고루 분산하여 안정감 있게 다리를 만들었습니다. 바로, 활동 과정에서 과학 ⑤ 을 활용했다고 말할 수 있는 것이지요. 또한 여러분은 다리를 만들면서 가위와 홀 펀치라는 기술 ⑪ 이 담긴 도구를 사용했고, 다리를 설계할 때 예술 ④ 을 사용했습니다. 또한 실과 휴지심 사이의 거리를 측정할 때 수학 ⑩ 을 사용했습니다.

좀 다르게 해볼까요?

다리의 중심부를 위에서 눌러 다리가 얼마나 튼튼한지 강도를 시험해 보세요. 이제 교각에서 지상으로 연결된 케이블(실)의 (바닥과 붙어 있는) 테이프를 떼어 보세요. 다리의 안정성과 강도가 어떻게 달라질까요?

현수교와 사장교는 어떻게 다를까요?

이번 공학 활동에서 현수교를 만들어 보았습니다. 그렇다면 여러분은 이렇게 케이블이 있는 교량 중, '사장교'라는 형태의 교량을 알고 있나요? 현수교와 사장교는 모두 케이블을 이용해 긴 다리를 만든다는 공통점이 있어요. 하지만 자세히 보면 두 다리의 형태는 다르답니다.

현수교는 주탑(우리 실험에선 휴지심이 바로 주탑이랍니다!)과 주탑 사이에 메인 케이블(실험에서는 실)을 연결하고 이 케이블과 교량(실험에서는 두꺼운 종이)을 수직의 보조 케이블(실험에서는 파이프 클리너)로 지지하는 형태입니다. 이와 달리, 사장교는 주탑에서 메인 케이블을 교량에 직접 연결하여 지지하는 형태예요.

위쪽에 있는 다리가 현수교, 아래쪽에 있는 다리가 사장교입니다.

다리의 형태는 다르지만 현수교와 사장교 모두 외양이 아름답지 않나요? 여행할 때 다리를 지나거나 보게 된다면, 그 다리는 어떤 형태의 다리인지 자세히 살펴보도록 해요!

카드집

트럼프카드로 높게 집을 쌓는 카드집 짓기는 수십 년 동안 많은 사람이 즐겨 온 놀이입니다. 가장 높게 집을 쌓는 사람을 뽑는 대회도 있습니다. 이번 활동은 바로 카드집 건설입니다. 여러분은 건축 공학자가 건축에 사용하는 여러 가지 힘에 대해서 배우게 될 것입니다.

활동 시간 **20분**

난이도 보통

공학 활동 키워드
건축 공학   힘의 균형
중력   마찰력

재료
➡ 트럼프카드 한 벌
➡ 줄자(선택사항)

활동 순서

1. 카드 2장이 서로 한 부분을 맞대고 균형을 이룰 수 있도록, 바닥에 삼각형 모양으로 세웁니다. 그 지점을 정면에서 보면 하나의 점으로 보입니다. 그 지점을 꼭짓점(Vertex)이라고 합니다.

2. 같은 모양으로, 1번에서 세운 삼각형 바로 옆에 2장의 카드를 더 세웁니다.

3. 나란히 있는 두 삼각형 위에 카드 한 장을 바닥과 수평이 되도록 조심스럽게 눕혀 올립니다.

4. 이제 이 눕혀진 카드 위에 두 장의 카드로 다시 1번처럼 삼각형을 만들어 세웁니다.

5. 삼각형 카드집에 능숙해졌다면, 더 큰 구조물을 만들어 보세요. 얼마나 높이 쌓을 수 있을까요?

☑ 왜 그럴까요?

이 활동에선 모든 종류의 힘을 다루고 있습니다. 카드를 삼각형 모양으로 세우려면 두 개의 카드가 균형을 이루도록 힘을 조절해야 합니다. 힘의 균형이 깨지면 카드 한 장이 미끄러지게 되고 중력에 의해 둘 다 쓰러지게 됩니다. 또한 바닥과 카드 사이의 마찰력도 연관되어 있습니다. 마찰력은 카드가 제자리에 서 있도록 해 줍니다.

STEAM 연결고리

이 활동에서 힘을 다룬다는 것은 과학 ⑤ 을 이용한다는 뜻입니다. 카드집을 설계하면서 창의적으로 생각하는 것은 예술 ⓐ 을 접목시키고 있다는 것을 의미합니다.

➕ 좀 다르게 해볼까요?

이번에는 카드집을 카펫 위에서 만들어 보세요. 반질반질한 바닥과는 다른 마찰력이 어떤 영향을 미칠까요? 카드를 옆으로 눕혀서 삼각형이 아닌 정사각형으로 만들어 보는 건 어떨까요?

중력과 마찰력

영국의 물리학자 아이작 뉴턴(Isaac Newton)은 나무에서 떨어지는 사과를 보고 큰 깨달음을 얻었어요. 그리곤 1687년 중력 이론을 발표했답니다. 중력은 '질량이 있는 물체가 서로 당기는 힘' 또는 '지구가 질량이 있는 물체를 잡아당기는 힘'이라고 정의하며 물체가 땅으로 떨어지는 것은 중력 때문이라고 설명했죠. 지구에서 중력의 방향은 지구 중심을 향합니다. 중력은 물체의 질량에 비례하며 지표면에 가까울수록 커지는 성질이 있어요. 그래서 중력의 크기는 측정 장소마다 달라진답니다. 참고로 지구의 중력은 달의 중력보다 약 6배 커요. 지구에서 60kg인 사람이 달에 가서 몸무게를 재면 10kg이 되는 셈이지요.

마찰력은 두 물체의 접촉면 사이에서 물체의 운동을 방해하는 힘입니다. 마찰력의 방향은 정지해 있는 경우에는 작용한 힘의 방향과 반대 방향이고, 움직이는 상태라면 움직이는 방향과 반대 방향입니다. 마찰력은 두 물체 사이의 접촉면이 거칠수록, 물체의 무게가 무거울수록 크게 작용해요. 눈 내린 다음 날, 길에 모래가 뿌려진 걸 본 적 있나요? 길에 눈이 쌓이면 마찰력이 작아져서 자동차와 사람들이 미끄러지기 쉬운데, 모래를 뿌리면 마찰력이 커져서 덜 미끄럽답니다.

진행 방향

마찰력

중력

빨간 화살표는 **중력의 방향**, 녹색 화살표는 **마찰력의 방향**을 의미합니다. 그림 속 자전거가 오른쪽으로 달리고 있으니, **마찰력은 이와는 반대 방향인 왼쪽으로 작용하겠죠?**

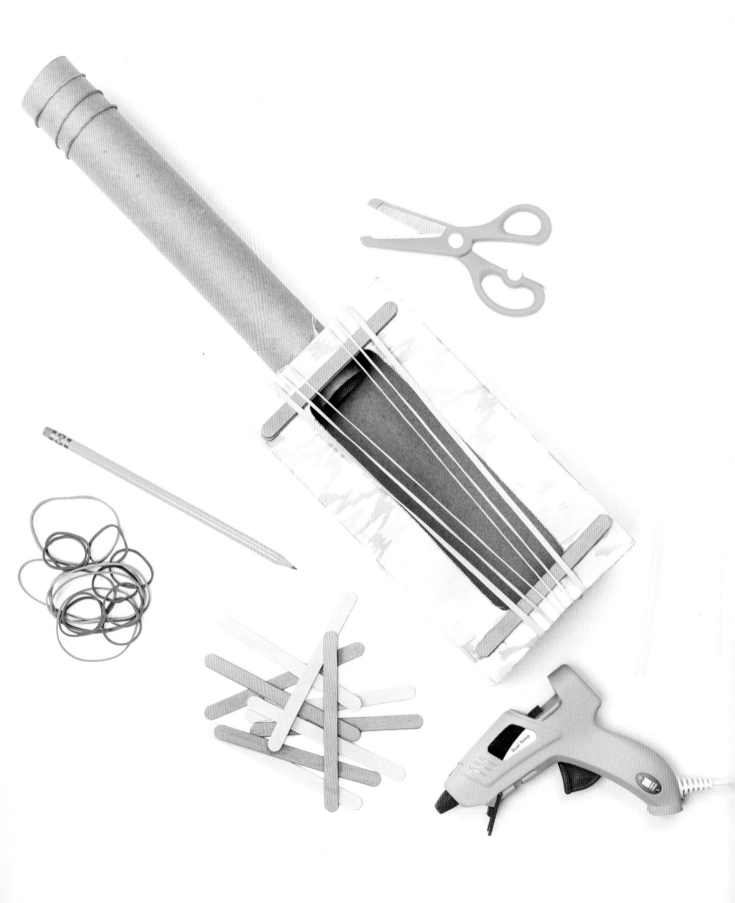

고무줄 기타

 어린이 혼자 하면 위험해요. 어른과 함께 실험해 보아요!

교과 연계: [음악] 나만의 악기 만들기

음향 엔지니어는 진동과 소리를 다루는 기계 공학자입니다. 그들은 소음이 심한 환경에서 일하는 사람들을 위해 청력 보호 장치를 개발하기도 하고, 성능이 뛰어난 극장 음향 시스템을 설계하기도 합니다. 이번 활동에서는 고무줄로 기타를 만들어서 진동과 소리의 관계를 알아봅시다.

20분
활동 시간

쉬움
난이도

음향 공학　진동
음파　소리
공학 활동 키워드

 **활동 순서**

● 기타 바디(몸체) 만들기

1 기타의 바디가 될 티슈 상자의 플라스틱 덮개나 비닐을 깨끗이 제거합니다.

2 티슈 상자의 한 쪽 작은 면 중앙에 휴지심을 놓고 펜으로 휴지심을 따라 원을 그립니다.

3 원을 따라 그린 면을 오려냅니다.

4 **보호자** 오려낸 구멍에 휴지심을 티슈 상자 안쪽으로 2.5cm 정도 밀어 넣고, 글루건으로 고정합니다. 휴지심은 기타의 넥(목) 부분이 됩니다.

5 **보호자** 공예 스틱 4개를, 글루건으로 2개씩 맞붙여서 2세트를 만듭니다. 공예 스틱을 티슈 상자 상단 구멍 양옆에 각각 붙여 줍니다. 이때, 4번에서 만든 기타 넥과 수직이 되도록 붙입니다.

 재료

 빈 티슈 상자
(직사각형 형태)

→ 키친타월 휴지심

→ 펜이나 연필

→ 가위

→ 글루건

 공예 스틱 4개
(아이스크림 바를 먹고 남은 나무 스틱도 사용할 수 있습니다)

 여러 가지 고무줄

> ❗경고 　글루건은 매우 위험해서 반드시 보호자가 도와주어야 합니다.

● 기타줄 감아 연주하기

1 고무줄 6개를 티슈 상자의 긴 방향으로 감거나 끼워 줍니다. 기타 넥 기준으로 양쪽에 각각 3줄씩 배치합니다. 감은 고무줄이 상자의 구멍 위에 있지 않아도 되지만, 상자에 붙인 두 쌍의 공예 스틱 위에는 놓여야 합니다.

2 이제 기타줄을 튕겨 보세요. 기타줄 하나하나가 어떻게 들리는지 귀기울여 들어보세요.

3 이번에는 기타 넥에 가까운 공예 스틱 쪽에 있는 기타줄 하나를 공예 스틱에 닿게 손가락으로 누른 상태에서 튕겨 보세요. 소리가 달라지나요?

☑ 왜 그럴까요?

고무줄을 튕기면 고무줄이 진동(vibrate)하게 되는데, 이때 고무줄 주변의 공기 중에 있는 분자(molecules)들이 매질로서 함께 진동하게 됩니다. 이 진동으로 인해 음파가 발생하고, 이것이 바로 우리가 듣는 소리입니다. 실제 기타의 현(줄)처럼, 고무줄도 얇아질수록 높은 음의 소리를 냅니다. 고무줄이 얇으면 더 빨리 진동하고, 진동이 빨라지면 음이 높아지기 때문입니다. 고무줄 한쪽을 누른 상태에서 튕기는 것도 같은 현상입니다. 고무줄은 누르면 진동하는 고무줄의 길이가 짧아지는데 즉, 진동하는 구간이 짧아져서 음이 높아지게 되는 것입니다.

🔬 STEAM 연결고리

여러분이 진동과 음파를 다루는 것은 바로 과학 **S** 을 사용한다는 것입니다. 기타를 만들 때 가위와 고무줄 기술 **T** 을 사용했고, 완성한 후 직접 연주한 음악을 연주하면서 예술 **A** 을 몸소 경험했습니다.

좀 다르게 해볼까요?

고무줄을 먼저 튕긴 후에 공예 스틱에 고무줄을 누르면 소리가 어떻게 날
까요?

티슈 상자의 구멍을 조금 더 크게 만들면 소리가 달라질까요?

여기서 잠깐! 알아두면 쓸모 있는
지식 모아보기

직업의 모든 것: 음향 엔지니어

넓은 의미에서 음향 엔지니어는 음향 즉, 소리와 관련된 일을 하는 모든 직업과 직종을 말합니다. 예를 들어, 우리가 즐겨 보는 영화나 드라마에 나오는 수많은 소리가 영상에 어울릴 수 있도록 음향장비를 조작하는 일을 담당하는 음향기사부터, 음반을 녹음할 때 작곡가와 가수, 연주자 등이 원하는 소리로 녹음될 수 있게 조율하는 레코딩 엔지니어, 녹음된 소리의 볼륨을 조절하거나 음향 효과를 더해 더 좋은 소리로 만드는 믹스 엔지니어까지. 이외에도 음향감독, 마스터링 엔지니어, 라이브 사운드 엔지니어 등 아주 다양한 직업이 음향 엔지니어의 범주에 속합니다.

미디어의 중요도가 높아지는 현대 사회, 음향 엔지니어의 역할은 점점 커지고 있습니다. 과거에는 음향 엔지니어가 단순히 방송국이나 영화사, 음반사 등에 속해 일했다면, 요즘에는 유튜브와 같은 1인 미디어 콘텐츠를 위한 플랫폼에서도 음향 엔지니어를 찾고 있는 추세입니다.

음향 엔지니어가 되기 위한 학력이나 전공에는 큰 제한이 없습니다만, 대학에서 음향 제작 관련 학과를 졸업하는 것이 유리합니다. 대표적인 학과로는 음향제작과가 있습니다.

혹시 남들보다 청각적 능력이 뛰어나다고 생각하나요? 음악이나 효과음을 좋아하나요? 그렇다면 음향 엔지니어가 된 여러분의 미래 모습을 한번 상상해 보세요!

08

옷걸이 천칭

여러분은 시소를 타본 적이 있나요? 두 사람이 마주 보고 시소에 앉으면 무거운 사람이 있는 쪽이 아래로 내려갑니다. 시소는 무게가 더 나가는 쪽이 아래로 내려가는, 천칭(양팔저울)과 같은 원리로 작동합니다. 이 활동을 통해 나만의 천칭을 만들고 작동 원리를 알아봅시다.

15분
활동 시간

보통
난이도

공학 활동 키워드

기계 공학	지렛대
받침점	

 활동 순서

● 천칭 만들기

1 종이컵 입구 쪽에 홀 펀치로 2개의 구멍을 내줍니다. 이때, 2개의 구멍이 마주 보도록(시계의 12시와 6시처럼) 구멍을 내야 합니다. 나머지 종이컵 하나도 동일하게 구멍을 내줍니다. 이 구멍에 끈을 매달아 옷걸이에 걸 거예요!

2 30cm 길이로 끈을 잘라줍니다. 30cm 길이의 끈 2개를 준비하세요.

3 끈 하나의 양 끝을 1번에서 뚫은 종이컵 구멍에 각각 묶어줍니다. 그러면 마치 양동이처럼 종이컵에 끈 손잡이가 생기겠죠? 나머지 다른 종이컵도 똑같이 손잡이를 만듭니다.

4 옷걸이를 서랍의 손잡이에 걸고, 서랍을 당겨서 살짝 빼줍니다. 서랍을 당겨 빼지 않으면, 옷걸이가 잘 걸리지 않거나 떨어질 수 있어요!

5 종이컵의 손잡이를 옷걸이의 양쪽 고리(혹은 홈)에 걸어줍니다.

6 두 종이컵이 같은 높이에 걸려 있도록 옷걸이를 똑바로 조정합니다.

 재료

→ 홀 펀치(구멍 뚫는 기구)

→ 종이컵이나 플라스틱 컵 2개

→ 가위

→ 자

→ 끈 또는 실

→ 고리가 달려 있거나 홈이 파인 옷걸이

→ 옷걸이를 걸어둘 수 있는 손잡이가 달린 서랍

● 천칭 시험하기

1 컵에 여러 가지 물건을 넣어 보면서 천칭이 제대로 작동하는지 시험해 봅니다. 자갈, 동전 또는 컵에 들어갈 만한 작은 장난감도 좋습니다. 무거운 물건을 넣은 컵이 아래로 내려가고 천칭이 한 쪽으로 기울게 됩니다.

☑ 왜 그럴까요?

천칭은 사실 지레(레버, lever)의 원리가 적용된 도구입니다. 이때 서랍 손잡이는 받침점(지렛목, fulcrum*)의 역할을 합니다. 무거운 물체가 담긴 컵은 중력에 의해 아래로 당겨져 천칭이 기울어집니다. 천칭이 평형(equilibrium)을 이룰 때, 두 컵은 바닥과 평행한 상태가 되며 무게가 같다는 걸 의미합니다.

👑 STEAM 연결고리

이 기계 공학 활동에서 여러분은 중력이라는 과학 Ⓢ 을 사용합니다. 여러분이 만든 천칭은 기술 Ⓣ 의 한 형태이며, 무게와 수치를 다루면서 수학 Ⓜ 을 사용합니다.

➕ 좀 다르게 해볼까요?

천칭을 사용해서, 같은 무게를 가진 서로 다른 물건들을 찾아낼 수 있을까요? 두 컵 중 하나의 끈을 더 길게 해서 매달면 어떻게 될까요?

저울의 원리

우리가 일상생활에서 사용하는 저울에는 여러 가지 종류가 있지만 작동 원리에 따라 크게 두 가지로 분류할 수 있어요. 이번 공학 활동에서 만든 것과 같은 지레의 원리를 사용한 저울과 용수철을 이용한 용수철 저울이 있죠.

지레의 원리를 사용한 양팔 저울

지레의 원리가 적용된 저울은 수평 잡기의 원리를 활용한 저울입니다. 여러분보다 키가 훨씬 큰 어른과 마주 보고 시소를 탄다고 생각해 보세요. 시소가 균형을 이루기 위해선 가벼운 여러분이 시소의 뒤쪽에, 무게가 더 나가는 어른이 시소의 앞쪽에 타야 균형이 맞아 수평을 이루겠죠? 시소와 양팔 저울은 이처럼 같은 원리를 기반으로 한 발명품이에요. 지레 양쪽의 무게가 균형을 이루었을 때 수평이 되는 원리를 이용하여 물체의 무게를 재는 것이랍니다.

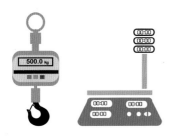

용수철을 활용한 용수철 저울

용수철 저울에 사용되는 용수철은 탄성력을 가지고 있어요. 탄성력은 물체의 모양이 변했을 때 원래의 모양으로 되돌아가려는 힘을 말합니다. 용수철의 길이는 잡아당기는 힘에 비례해서 늘어났다가 다시 원래 길이로 되돌아오는데요. 이러한 용수철의 성질을 이용하여 물체의 무게를 잰답니다. 우리가 주변에서 쉽게 볼 수 있는 체중계(전자식 체중계는 용수철 저울이 아닙니다!) 역시 용수철 저울인데, 체중계 위에 우리가 올라가면 그 속에 있는 용수철이 늘어나게 되고 이때 용수철은 눈금을 가리키는 바늘과 연결되어 있어 용수철이 늘어난 만큼 저울의 눈금이 돌아가서 몸무게를 확인할 수 있는 것이랍니다.

종이접시 해시계

교과 연계: [사회] 5학년 2학기 1단원
옛사람들의 삶과 문화 – 조선시대, 세종대왕

현대 시계가 발명되기 전에, 사람들은 태양 그리고 해시계의 그림자를 보고 시간을 알아냈습니다. 이 활동에서 여러분은 해시계를 직접 만들고, 어떻게 태양을 통해 시간을 가늠할 수 있는지 배우게 됩니다.

활동 시간   해시계 만드는 데 **10** 분
시간 표시하는 데 **24** 시간

난이도   **쉬움**

공학 활동 키워드   기계 공학   지구의 자전
시간의 흐름

재료

- 잘 깎은 연필
- 두꺼운 종이접시
- 테이프
- 유성 마커
- 시계
- 날씨가 맑은 날, 야외
  (사실 이번 활동에서 가장 중요한 조건입니다!)

 ## 활동 순서

● 해시계 만들기

1 시계가 될 종이접시 중앙을 연필로 뚫어 구멍을 냅니다.

2 연필 끝부분(흑심이 있는 부분)이 접시 안쪽으로 튀어나오게 연필을 구멍으로 밀어 넣습니다.

3 접시를 뒤집어서, 햇볕이 잘 드는 야외 평지로 가져갑니다. 접시에 꽂은 연필의 흑심 부분이 평지 바닥에 닿고 연필의 긴 몸통이 하늘을 향하게 놓습니다. 접시 중앙의 연필은 수직으로 곧게 세워서 움직이지 않도록 테이프로 고정합니다. 접시가 바람에 날아가지 않도록 접시의 가장자리도 테이프로 고정하거나 묵직한 자갈 몇 개로 눌러 놓습니다.

● 시간 표시하기

1 한 시간에 한 번씩, 접시 위에 드리워진 연필의 그림자를 따라 마커로 선을 그립니다. 시계를 확인하고 그어진 선 옆에 시간을 적어줍니다. 매시간마다 반복해 줍니다.

2 날씨가 괜찮으면, 해시계를 밤새 그대로 두고 다음날에 접시에 표기한 시간과 실제 시간이 맞는지 정확도를 확인해 보세요.

☑ 왜 그럴까요?

낮 동안, 태양이 하늘을 가로질러 이동하는 것처럼 보이는 것은 지구가 천천히 돌고 있기(자전) 때문입니다. 하늘에 있는 태양의 위치가 달라지면 해시계의 그림자도 달라집니다. 오늘의 태양은 어제와 같은 시간에 거의 같은 위치에 있습니다. 따라서 해시계는 상당히 정확한 시계라고 할 수 있습니다.

🔬 STEAM 연결고리

이 기계 공학 활동에서는, 축을 중심으로 자전하는 지구와 그것이 그림자에 미치는 영향에 대한 과학 지식을 다룹니다. 여러분이 만든 해시계는 일종의 기술 **T**이고, 시간을 다루는 것은 수학 **M**을 사용한 것입니다.

➕ 좀 다르게 해볼까요?

튼튼한 막대기를 땅에 꽂고, 그 주위를 원형으로 자갈을 두른 뒤에 이번 활동과 같이 시간을 표시해 보세요. 더 크고 튼튼한 해시계가 만들어집니다. 유성 마커로 돌 위에 시간을 표시할 수도 있습니다. 꽃밭에서 하면 더 아름다운 해시계가 완성되겠죠?

연필이나 막대 대신 여러분이 직접 해시계의 재료가 되어 볼 수도 있어요. 주차장이나 보도에 서서 여러분의 그림자를 다른 사람이 분필로 표시하도록 합니다. 그림자 옆에는 시간을 표시하는데, 한 시간마다 같은 자리에 서서 표시합니다. '인간 해시계'에서 그림자의 모양과 방향이 어떻게 변하는지 확인해 봅시다.

세종대왕과 장영실이 힘을 모아 만든 해시계, 앙부일구

[3. 나만의 물시계] 활동을 한 뒤, 세종대왕과 장영실이 함께 만든 물시계 '자격루'에 대해 알게 되었을 거예요. 그런데 세종대왕과 장영실이 함께 만든 시계가 또 있다는 걸 알고 있나요? 바로, 해시계인 '앙부일구'입니다.

앙부일구는 가마솥 모양의 해시계라는 뜻을 지닌 해시계예요. 오목한 반원에 뾰족한 바늘이 비스듬히 세워져 있고, 그 안에는 가로 선과 세로 선이 그어져 있어요. 테두리에는 한자와 그림이 새겨져 있어요. 해 그림자를 만들어 내는 막대의 그림자 위치 변화를 통해 시각을 알 수 있습니다. 계절에 따라 그림자의 길이가 달라지는 원리를 이용하여 절기(날짜)까지 알 수 있는 아주 우수한 해시계랍니다.

나만의 오두막

현대적인 건축 기술이 발전하기 전에, 옛날 사람들은 통나무로 지은 오두막에 살기도 했습니다. 처음에는 하나의 공간만 있는 작은 오두막이었지만, 점차 크기를 늘려가며 방도 여러 개 만들곤 했죠. 이번 활동에서는 여러분만의 작은 오두막을 설계하고 만들어 봅니다.

 활동 순서

● 설계도 그리기

1 종이에 오두막의 설계도를 연필로 그립니다.
집 입구를 둘 여분의 공간과 창문을 둘 곳을 잊지 말고 그려주세요.
막대기를 얼마나 높게 쌓아야 할까요? 지붕의 모양은 뾰족하게 세울 건가요, 평평하게 지을 건가요?

● 나무 쌓아 오두막 짓기

1 우선 막대기 2~3개를 10cm 이내의 길이로 자릅니다. 막대기가 얇아야 자르기 쉽습니다.

2 3개의 막대기를 한쪽이 열린 사각형(3개의 벽이 될 자리) 모양으로 배치합니다. 'ㄷ'자 같은 모양이 되겠네요.
문을 어디에 만들 건가요? 막대기에서 문의 넓이만큼 잘라내고, 그 막대기를 오두막의 네 번째 벽 자리에 놓습니다.

3 점토를 굴려 얇은 밧줄처럼 길게 만들어서 2번에서 둔 막대기들 위에 얹습니다. 그리고 그 위에 새로운 막대기들을 2번처럼 얹습니다. 오두막의 두 번째 줄 막대기들이 되겠네요!

 활동 시간 **30분**

 난이도 **쉬움**

 공학 활동 키워드 토목 공학 건축 공학
설계

 재료

● 종이
● 연필
● 얇고 곧은 막대기
(나무젓가락이나, 공원에 떨어진 작은 나뭇가지들도 좋습니다)
● 점토
● 가위 (선택사항)

4 이런 식으로 계속해서 막대기를 쌓아 벽을 완성해 나갑니다. 창문을 만들려면, 막대기를 창문 크기에 맞게 잘라냅니다. 막대기를 자를 때 가위의 날이 상할 수 있으니, 상해도 아깝지 않은 낡은 가위를 사용하는 걸 추천합니다.

● 문제점 개선하기

1 원래의 설계도나 계획이 좋지 않다고 생각되면 중간에 변경할 수도 있습니다! 건축 공학자에게 늘 있는 일입니다. 프로젝트는 계획하고, 필요에 따라 고쳐나가는 것입니다.

☑ 왜 그럴까요?

여러분이 만든 오두막에서, 점토는 막대기들을 서로 붙여줍니다. 옛날에 지어진 통나무 오두막은 모서리가 서로 들어맞도록 통나무에 홈을 내서 잘라 만들었습니다. 그런 다음, 통나무 사이의 공간을 점토나 진흙으로 막았습니다. 여러분이 점토를 사용한 것과 같은 방식입니다. 이것을 '회반죽*'이라고 부르는데, 빈 공간을 메꿔주므로 찬 바람을 막아주는 효과도 있습니다.

* **회반죽**은 건물을 지을 때 사용하는 미장용 반죽으로 해초물이나 여물, 모래 등을 섞어 만든 것입니다.

🔬 STEAM 연결고리

여러분은 이 토목 공학 활동에서 가위 기술 **T**을 사용하고, 설계도와 구조를 디자인할 때 예술 **A**을 사용했습니다. 막대기들을 같은 크기로 자르기 위해 서로 맞대고 측정하는 과정에서는 수학 **M**을 사용했습니다.

➕ 좀 다르게 해볼까요?

가위 날로 막대기를 갈아 작은 톱니를 만들어 오두막의 막대기 통나무를 고정하는 데 사용해 보세요. 오두막이 더 튼튼하게 세워질까요? 여러분의 오두막에 2층을 올릴 수는 있을까요?

막대기 대신 막대과자(빼빼로 같은 과자)를 사용하고 점토 대신 아이싱**을 사용해 보세요. 이 과자 오두막을 만들려면 칼로 막대과자를 잘라야 합니다. 반드시 어른의 도움을 받길 바랍니다!

◇◇◇◇◇◇◇◇◇◇◇◇◇◇◇◇◇◇◇◇◇◇

** **아이싱(ICING)**은 설탕을 주로 쓴 달콤한 혼합물을 말하며, 페이스트리, 쿠키 등을 채우고 입히는 데 사용됩니다. 보통 버터나 생크림, 우유, 계란, 파우더슈가 등 다양한 향미를 혼합시켜 만드는데, '프로스팅(FROSTING)'과 유사합니다. 프로스팅이 버터 크림 형태로 두껍고 폭신해서 케이크와 컵케이크에 적합한 반면, 아이싱은 얇고 광택이 나는 크림으로 평평한 표면을 장식할 때 사용합니다. 아이싱은 쿠키나 도넛에 많이 사용됩니다.

여기서 잠깐! 알아두면 쓸모 있는
지식 모아보기

건축 재료의 변화와 발명

건축 재료의 역사는 인류가 주거 생활을 하기 시작하던 원시시대부터 시작됩니다. 원시시대의 인류는 처음에는 토굴이나 동굴 같은 자연지형을 이용하여 생활했습니다. 점차 생활 반경이 넓어지면서 집을 비롯한 건축물 등을 짓기 시작했는데, 나무나 흙, 돌 등 주변 자연에서 구하기 쉬운 재료들을 활용했습니다.

이후 인류는 보다 강하고 튼튼하며 사용하기 좋은 건축 재료를 연구하기 시작했고 벽돌과 콘크리트 등의 가공 재료가 등장하게 됩니다. 기원전 1500년경 이집트에서 흙에 짚을 넣고 구워 벽돌을 만들어, 국고를 만들었다는 기록이 있습니다. 한편, 벽돌이 건축 재료로 본격적으로 많이 사용된 곳은 고대 로마입니다. 놀랍게도 콘크리트 역시 로마시대에 활발히 사용되었는데요. 소석회와 화산재를 혼합한 시멘트에 모래와 자갈을 섞어 콘크리트로 만들어 사용했다고 합니다. 건축 재료들을 붙이는 접합재로 사용할 뿐 아니라, 벽이나 지붕에 구조재로도 사용했습니다. 아, 참고로 처음으로 시멘트를 사용한 지역은 아프리카라고 합니다.

QR 코드를 스캔하면 관련 영상을 볼 수 있어요!

산업혁명을 거치면서 철의 대량 생산이 가능해졌습니다. 이에 따라 다양한 철골재와 철골구조가 건축에도 반영되기 시작했죠. 1889년, 프랑스 파리에 세워진 에펠탑은 바야흐로 철재 건축의 시작을 알리게 됩니다.

건축 기술과 건축 재료의 발전을 살펴 봅시다.

이후에도 건축 재료는 많은 발전을 거쳐 철근 콘크리트부터 유리, 다양한 화학 재료 등이 사용되고 있습니다.

treasure 보물

Start 시작

보물찾기 코딩

교과 연계: [실과] 6학년 4단원
생활 속 소프트웨어 - 절차적 사고

여러분, 혹시 좋아하는 컴퓨터나 휴대폰 게임이 있나요? 새로운 게임을 만들기 위해서는 많은 사람이 협업합니다. 소프트웨어 개발자나 컴퓨터 프로그래머는 게임에 등장하는 모든 동작과 그래픽을 위해 코드를 작성해야 합니다. 이번 활동에서는 소프트웨어 개발자가 사용하는 것과 유사한 방식을 사용하여 기본적인 코드를 작성해 봅시다.

15분

활동 시간

보통

난이도

공학 활동 키워드

컴퓨터 공학	코딩

소프트웨어 공학

프로그래머

재료

➡ 메모지(또는 카드) 16장
➡ 공책 한 장
➡ 펜이나 연필

활동 순서

● 카드 배열하기

1 첫 번째 카드에 보물을 표시합니다. 보물상자를 그려 넣어도 되고, 그냥 '보물'이라고 적어도 좋습니다.

2 두 번째 카드에는 '시작'이라고 적습니다.

3 이제 이 두 카드를 포함한 16장의 카드를 가로 4줄, 세로 4줄로 배열합니다. 원하는 곳에 보물을 배치하되, [보물]과 [시작] 카드가 바로 옆에 붙어 있지 않도록 합니다.

● 코드 작성하기

1 여러분의 목표는, 여러분의 친구가 [시작] 카드로부터 [보물] 카드를 찾아갈 수 있도록 간단하게 코드를 작성하는 것입니다.
공책에 '시작'이라고 적어 놓습니다. 이것이 코드의 첫 번째 단계입니다.

2 배열된 카드들 중 [시작] 카드의 위치를 확인하고 두 번째 카드의 위치를 결정합니다. 공책에 '시작'이라고 쓴 다음 줄에, 가야 할 방향을 화살표로 표시합니다. 예를 들어 이렇습니다.

시작

←

3 [보물] 카드로 가는 길을, 공책 한 줄에 하나씩 계속 화살표로 표시합니다. 각각의 화살표는 카드 한 칸의 이동을 나타냅니다. 즉, 한 번에 왼쪽이나 오른쪽으로 한 칸 이동하고, 다음번에 위나 아래쪽으로 한 칸 이동하는 방식입니다.

4 공책에 '정지'라고 적은 마지막 코드로, 친구에게 끝났다는 것을 알려줍니다. 다 작성하면 공책에 다음과 같은 형태로 적혀 있을 것입니다.

시작

←

↓

←

↑

↑

정지

● **코드 시험하기**

1 코드 작성이 끝났으면, 이제 16개의 카드 중 [시작] 카드만 적힌 글자가 보이게 그대로 두고 나머지 카드는 모두 뒤집습니다.

2 친구가, 공책에 적힌 코드를 따라가도록 합니다. 친구가 숨겨진 보물을 찾을 수 있을까요? 못 찾는다면, 코드에 문제가 있는 것 아닐까요? 확인하고 다시 도전해 보세요.

☑️ 왜 그럴까요?

이 과제에서 여러분은 친구가 따라가야 할 경로를 적었습니다. 이 경로는 특정한 순서를 적은 것으로서, 컴퓨터 프로그래밍의 기본 단계 중 하나입니다. 바로 '코딩(Coding)'을 한 것입니다. 이 과제에서 여러분의 친구는, 여러분이 작성한 코드를 따르는 컴퓨터의 역할을 대신한 것입니다.

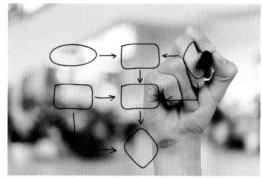

그림과 같이, 코딩은 컴퓨터가 순차적으로 처리해야 할 일들을 짜임새 있게 작성하고 구조로 만드는 것이라고 이해하면 쉬워요!

🧪 STEAM 연결고리

이 컴퓨터 공학 활동은 컴퓨터 과학 기술 ⓣ을 사용합니다. 실제 프로그래머는 컴퓨터 기술을 사용하겠지만, 우리는 펜이나 연필로 코드를 적는 기술을 사용한 것입니다.

➕ 좀 다르게 해볼까요?

카드를 16장이 아니라 25장으로 늘려서, 더 많은 단계를 수행하는 프로그램을 만들어 보세요.

또, 카드를 섞어서 새 코드를 작성해 보세요. 이번에는 모든 단계마다 화살표를 사용하는 대신, 같은 단계들을 묶어 봅니다. 이것을 '반복'이라고 합니다. 예를 들어, →→→ 대신 →(3)이라고 써 보세요. 친구가 오른쪽으로 3개의 카드를 가야 한다는 뜻입니다.

직업의 모든 것: 컴퓨터 프로그래머

여러분은 영화나 드라마에서 까만 모니터 화면에 영어로 알 수 없는 단어들을 치며 컴퓨터를 능수능란하게 사용하는 걸 본 적 있나요? 아마도 그 사람은 컴퓨터 프로그래머일 거예요. 컴퓨터 프로그래머는 컴퓨터가 작동할 수 있도록 시스템을 만들고 다양한 프로그램을 개발해요. 우리 눈에 알 수 없는 영어로 보인 것은 사실, 컴퓨터가 이해할 수 있도록 컴퓨터의 언어로 작성한 명령어랍니다. 회사에서 쓰는 각종 전산 프로그램부터 여러분이 즐기는 컴퓨터 게임과 공부할 때 쓰는 학습 프로그램까지 모두 컴퓨터 프로그래머가 만듭니다.

컴퓨터 프로그래머가 되기 위해서 특별히 요구되는 자격증이나 자격사항은 없습니다. 그러나 대학에서 소프트웨어공학, 소프트웨어개발, 컴퓨터공학, 전산학, 정보처리학, 수학 등을 전공하는 것이 좋답니다. 필수로 요구되는 자격증은 없지만, 관련 자격증으로는 한국산업인력공단에서 시행하는 정보처리기사가 있습니다.

신발상자 축구놀이

⚠️ 어린이 혼자 하면 위험해요. 어른과 함께 실험해 보아요!

혹시 테이블 축구 게임을 해본 적 있나요? 상대팀과 즐기는 미니어처 축구 경기인데요, 알록달록한 인형들이 빙글빙글 돌아갑니다. 축구 게임 자체도 재미있지만, 이 게임에는 물리학과 관련된 요소가 굉장히 많이 들어 있습니다. 이번 활동에서는 신발상자를 이용해 테이블 축구 게임을 직접 만들어 봅니다.

활동 시간 **45분**

난이도 어려움

공학 활동 키워드

| 기계 공학 | 받침점 |
| 관성의 법칙 | 지레 |

 활동 순서

● 축구 선수 만들기

1 먼저 축구 선수를 만들어 봅시다. 빨래집게가 축구선수 역할을 할 거예요.
빨래집게를 5개씩 두 그룹으로 나눕니다. 두 그룹을 다른 색의 마커로 칠해요. 예를 들면, 빨간색 빨래집게 5개와 파란색 빨래집게 5개 이렇게 말입니다.

● 축구장 만들기

1 축구장은 신발상자로 만들 거예요. 먼저, 신발상자의 뚜껑을 제거합니다.

2 이제 축구 골대를 만들 것입니다. 상자의 4개의 면 중, 작은 두 면에 자를 이용해서 중앙 아래쪽에 높이 2.5cm, 넓이 5cm의 직사각형을 그립니다. 헷갈린다면 사진을 참고하길 바랍니다.

 재료

→ 유성 마커
→ 빨래집게 10개
→ 신발상자
→ 자
→ 가위
→ 홀 펀치 (구멍 뚫는 기구)
→ 나무 꼬치 4개
→ 구슬
→ 상자를 장식할 여러 색의 테이프 (선택사항)

3 상자에 그린 직사각형을 오려냅니다.

4 자로 신발상자의 너비를 재서 너비의 정중앙에 위아래로 수직선을 긋습니다. 반대편 면에도 똑같이 표시해 주세요.

5 이 중심선에서 4cm 떨어진 좌, 우 지점에도 위아래로 수직선을 그어 줍니다. 반대편 면에도 똑같이 그려주세요.

6 4~5번에서 그은 수직선들에 각각 구멍을 뚫어줄 거예요. 구멍은 상자 밑바닥에서 7.5cm 위쪽 지점에 홀 펀치를 이용해 뚫어줍니다. 반대편 면도 똑같이 뚫습니다.

7 나무 꼬치를 이 구멍에 넣어, 상자를 가로지르도록 맞은편 구멍으로 끼워 놓습니다. 두 개의 나무 꼬치가 서로 평행하고, 좌우 균형을 이루어야 합니다.

8 중심선의 오른쪽에 끼워 놓은 꼬치에서 다시 오른쪽으로 5cm 떨어진 위치에 위아래로 수직선을 그립니다. 상자의 반대편 면에도 똑같이 그려줍니다.

9 중심선의 왼쪽에 끼워 놓은 꼬치에서 다시 왼쪽으로 5cm 떨어진 위치에 위아래로 수직선을 그립니다. 상자의 반대편 면에도 똑같이 그려줍니다.

10 새롭게 그린 이 두 선에도 구멍을 뚫어야 합니다. 6번과 같이 상자 밑바닥에서 7.5cm 위쪽 지점에 구멍을 내고 7번처럼 나무 꼬치를 끼워주세요.

> ❗경고 나무 꼬치는 끝이 날카롭고 뾰족합니다. 어른이나 보호자들이 끝부분을 잘라두길 바랍니다. 구슬은 어린아이가 삼키면 질식할 수도 있는 위험한 물건입니다. 활동이 끝나면 구슬들을 빠짐없이 모아, 안전한 곳으로 치워 두세요.

● 축구 선수 배치하기

1 앞선 활동 순서 7번에서 꽂은 나무 꼬치에 각각 같은 색의 빨래집게 3개를 꽂습니다. 빨래집게 하나는 꼬치의 중앙에, 나머지 2개는 좌우로 같은 간격을 두고 꽂습니다.

2 색깔별로 남은 집게 2개씩도 같은 색상 영역의 나무 꼬치에 꽂아줍니다.

3 취향에 따라 상자를 화려한 테이프로 장식해도 좋습니다. 단, 구멍이나 골대를 막지 않아야 합니다!

● **축구 게임하기**

1 축구 경기를 해 볼까요?
우선 구슬을 상자 중앙에 놓습니다. 구멍에 꽂힌 나무 꼬치를 돌리고, 앞뒤로 움직이면서 빨래집게로 구슬을 차 보세요. 구슬을 상대방 골대에 넣으면 득점입니다.

☑ **왜 그럴까요?**

여러분이 만든 신발상자 축구장에서 빨래집게는 지레의 원리로 작동합니다. 나무 꼬치는 지레를 잡아주는 받침점(지렛목) 역할을 하고 있습니다. 구슬은 빨래집게에 부딪혀서 굴러갑니다. 외부의 힘이 작용하지 않는 한, 정지된 물체는 계속 정지해 있으려고 한다는 '관성의 법칙(뉴턴의 제1 운동 법칙)'을 보여주는 활동이자, 위치에너지와 운동에너지가 작용하는 활동입니다.

STEAM 연결고리

이 기계 공학 활동에서는 스팀(STEAM)의 모든 요소를 사용합니다. 에너지, 지렛대, 그리고 운동의 법칙을 다루는 과학 **S** 을 사용하며, 지레의 한 종류인 빨래집게의 기술 **T** 도 사용합니다. 축구 선수로 쓰이는 빨래집게를 칠하고 상자를 장식할 때 예술 **A** 을 경험하고, 수치를 재고 나무 꼬치를 서로 평행하게 만들기 위해 수학 **M** 을 사용했습니다.

참고 관성의 법칙이란?

우리 주변에 있는 수많은 물체는 모두 관성을 지니고 있습니다. 물체에 힘이 작용하지 않으면 물체는 자신의 운동 상태를 그대로 유지하려 합니다. 정지해 있는 물체는 정지 상태를, 운동하고 있는 물체는 같은 속력과 방향을 유지하려고 하는 것이지요. 이것을 관성이라고 합니다.

예를 들어, 여러분이 버스를 탔을 때를 떠올려 봐요. 잘 달리고 있던 버스가 갑자기 멈추면 버스 안에 있는 사람들과 손잡이는 앞으로 쏠리게 되죠. 바로 관성의 법칙이 적용되었기 때문입니다. 달리는 버스 속에 있는 사람들과 손잡이는 움직이는 운동 상태를 유지하려는 관성을 지닙니다. 그런데 갑자기 버스가 멈추면 운동 상태를 지속하려는 관성의 법칙 때문에 버스는 이미 멈췄음에도 사람들과 손잡이가 앞으로 움직이게 되는 것이지요.

이러한 관성의 법칙은 뉴턴의 제1 운동 법칙이라고도 합니다. 뉴턴의 운동 법칙은 여러 개가 있는데 뒤에 나오는 활동에서 다른 법칙도 소개하니 집중하세요!

참고 위치에너지란?

위치에너지는 물체의 위치와 관련된 에너지를 말해요. 높은 곳에 있는 물체일수록 중력에 따른 위치에너지를 많이 가지고 있어요. 높은 곳에서 물체가 떨어지면 위치에너지가 크므로 바닥에 떨어질 때 충격이 큽니다. 용수철의 변형에 따라 저장되는 위치에너지도 대표적이죠.

여러분이 공을 위로 던져 올린다고 상상해 봐요. 공을 하늘 위로 던지면 점점 높이 올라가므로 위치에너지를 많이 갖게 돼요. 반대로 높은 곳에서 낮은 곳으로 떨어지면 위치에너지가 낙하하면서 운동에너지로 바뀝니다. 물이 높은 곳에서 낮은 곳으로 떨어지면 낙차가 발생해요. 낙차를 이용하면 위치 에너지가 운동에너지로 바뀝니다. 수력 발전은 이를 이용해서 전기를 얻는 거예요.

🎤 **현장 인터뷰**

❝ 공학자로서 저는 매일 새로운 도전에 직면합니다. 세상 누구도 시도해 본 적이 없는 것들입니다. 흥미진진하고 짜릿한 순간이에요. 에너지가 솟구칩니다. ❞

- 화학 공학자, 매기 코넬

➕ **좀 다르게 해볼까요?**

구슬 대신 폼폼이(스펀지 구슬, 솜뭉치)를 사용하면 어떻게 될까요? 골을 넣기가 더 쉬울까요, 어려울까요?
구슬이 골인하는 순간에 그 골을 잡아낼 수 있는 장치를 어떻게 설계할 수 있을까요?

축구에서의 물리학: 공의 방향을 예측할 수 없는 고속 무회전 킥

축구선수가 프리킥을 찰 때, 골키퍼에게 날아간 공이 갑자기 뚝 떨어지거나 방향이 바뀌는 걸 본 적 있나요? 아마도 그건 공을 찬 선수가 고속으로 무회전 킥을 했기 때문일 거예요.

고속 무회전 킥은 공이 회전 없이 날아가지만, 공기저항에 민감해서 진동이 매우 심합니다. 매끈한 축구공 표면과 축구공 조각들이 연결되면서 생겨난 축구공 표면 위 연결선 부분, 이 두 부분에서의 공기 흐름의 차이가 생겨나서 축구공이 불규칙하게 흔들리게 되는 것이지요. 때문에 골키퍼 눈앞에서 공이 흔들리거나 갑자기 뚝 떨어지기도 하는 등 공의 마지막 방향을 예측할 수 없어서 골키퍼가 당황하게 됩니다. 보통 프리킥은 발의 안쪽(인사이드)이나 아웃프런트(바깥쪽)로 감아 차지만, 무회전 킥은 공의 회전을 줄이기 위해 공의 한 가운데를 정확히 차는 게 핵심이랍니다.

QR 코드를 스캔하면 관련 영상을 볼 수 있어요!

골키퍼가 두려워하는
무회전 킥

CD 공기부양정

⚠️ 어린이 혼자 하면 위험해요. 어른과 함께 실험해 보아요!

공기부양정*은 좀 독특한 운송 수단입니다. 바퀴를 사용하는 자동차나 물 위에 떠 있는 보트와 다르게, 공기부양정은 공기층 위에 떠 있습니다. 뿐만 아니라 육지와 물 어디로든 다닐 수 있는 수륙양용이기도 합니다. 이번 활동에서 우리는 집에 있는 물건들로 직접 공기부양정을 만들어 봅니다.

공기부양정은 육지와 물 위를 자유롭게 다닐 수 있는 신기한 운송 수단입니다.

 활동 시간 **10분**

 난이도 쉬움

 공학 활동 키워드 기계 공학　마찰력　관성의 법칙

 ## 활동 순서

● CD 공기부양정 만들기

1 스파우트 파우치 뚜껑을 CD 구멍 위에 평평하게 올려놓습니다. (활동에 써도 되는 CD인지 먼저 확인하세요!)

2 테이프를 5cm 길이로 몇 개 잘라서, CD에 뚜껑을 붙입니다. 공기가 새 나가지 않도록 완전히 밀봉합니다.

 ## 재료

➡ 스파우트 파우치 뚜껑
(리필용 세제가 담긴 비닐 파우치가 바로 스파우트 파우치입니다. 인터넷에 검색하면 쉽게 찾을 수 있습니다.)

➡ 안 쓰는 CD

➡ 강력 테이프

➡ 가위(선택사항)

➡ 풍선

---

* **공기부양정**은 '호버크라프트(HOVERCRAFT)'라고도 합니다. 영국에서 최초로 개발한 브리티시 호버크라프트사의 상품명인 호버크라프트를 따서 부르는 것입니다.

3 풍선을 적당한 크기로 붑니다. 풍선을 불고 나서 풍선의 목 부분을 손가락으로 꽉 잡아, 공기가 빠져나가지 않도록 합니다.

4 손으로 풍선을 꽉 쥔 상태에서, 뚜껑 입구에 풍선을 씌워줍니다. 이때, 옆에서 누군가 도와주면 쉽습니다. 뚜껑 입구에 풍선을 씌웠나요? 그렇다면 CD 공기부양정 완성입니다! 이때도 풍선 입구를 꽉 쥐고 있어야 해요.

> **❗경고** 어린 아이가 입에 풍선을 물고 놀다가, 자칫 풍선을 삼켜 질식될 위험이 있습니다. 활동이 끝나면 풍선을 치워 주세요.

● CD 공기부양정 시험하기

1 CD 공기부양정을 딱딱하고 평평한 테이블(또는 바닥)에 내려놓습니다.

2 스파우트 뚜껑이 열린 상태인지 확인한 다음, 풍선을 잡고 있던 손을 놓습니다.

3 CD 공기부양정이 테이블 표면(혹은 바닥 표면) 바로 위에 떠오를 것입니다.

☑ **왜 그럴까요?**

풍선으로부터 빠져나간 공기는 CD 아래에 갇히게 됩니다. 갇힌 공기는 테이블과 CD 사이에 들어가, 테이블 표면과 CD 사이에 존재하는 마찰력(friction)을 급격하게 감소시키고, CD 공기부양정과 테이블 표면을 흐르며 미끄러져 나옵니다.

STEAM 연결고리

이 기계 공학 활동에서 여러분은 과학 Ⓢ 을 사용했습니다. 관성의 법칙(뉴턴의 제1 운동 법칙)에 의하면, 외부의 힘이 작용하지 않는 한 물체는 정지해 있어야 합니다. 이 경우, 풍선에서 빠져나간 공기의 힘이 CD를 들어 올릴 때까지 CD는 정지 상태를 유지합니다. 다음에 나올 '좀 다르게 해볼까요?'의 첫 번째 과제에서 CD 공기부양정이 떠 있는 시간을 측정할 때는 수학 Ⓜ과 스톱워치 기술 Ⓣ을 사용하게 됩니다.

➕ 좀 다르게 해볼까요?

스톱워치로 CD 공기부양정이 떠 있는 시간을 재어 봅니다. 또한, 풍선을 반만 불었을 때는 얼마나 떠있는지 유지 시간도 함께 비교해 보세요.
CD가 아닌, 종이접시로도 공기부양정을 만들 수 있을까요? 한번 도전해 보세요!

포일 바지선

⚠️ 어린이 혼자 하면 위험해요. 어른과 함께 실험해 보아요!

사람이 직접 걷는 것 다음으로 오래된 교통수단 중 하나는 바로 배입니다. 고대 이집트인들은 나일강변의 파피루스라는 식물을 엮어 배를 만들었습니다. 초창기에는 나무를 통째로 깎아서 만든 배도 있었습니다. 어떤 재료를 사용하든, 어떤 종류의 배를 만들든, 배를 뜨게 만드는 과학의 원리는 모두 같습니다. 이 활동에서는 알루미늄포일로 바지선*을 만들어서 배가 뜨는 원리를 살펴봅니다.

↰ QR 코드를 스캔하면 관련 영상을 볼 수 있어요!

바지선이 어떻게 움직이는지 궁금하다면 영상을 통해 살펴보아요.

 20분
활동 시간

 쉬움
난이도

 기계 공학　부력
공학 활동　조선(배 만들기)
키워드

활동 순서

● 배 만들기

1　플라스틱 그릇이나 욕조에 10cm 가량 물을 채웁니다.

2　알루미늄포일을 한 변이 15cm인 정사각형으로 자르고, 네 변을 모두 위로 접어 올립니다. 이게 바로 포일로 만든 바지선입니다!

3　포일 바지선에 물이 들어오지 않도록, 접어올린 모서리를 서로 잘 겹치게 합니다.

4　포일 바지선을 물에 띄우고, 계속 떠 있는지 지켜봅니다.

재료

➡ 큰 플라스틱 그릇이나 욕조
➡ 수돗물
➡ 자
➡ 알루미늄포일
➡ 여러 개의 동전

*　항만 내부나 하구 등 비교적 짧은 거리에서 화물을 나르는, 별도의 동력장치가 없는 밑바닥이 편평한 거룻배를 말합니다.

5 잘 안되면, 다른 방법이나 다른 모양으로 포일을 접어 보세요. 10초 정도는 배가 떠 있어야 합니다.

⚠️ **경고**   얕은 물이라도 어린 아이들은 익사할 위험이 있습니다.
보호자는 활동이 끝나면 물이 제대로 비워졌는지 확인해 주세요.

● 배에 동전 싣기

1 포일 바지선이 잘 뜬다면, 동전을 하나씩 조심스럽게 바지선 위에 올립니다.

2 동전을 얼마나 실을 수 있는지 세어 보세요.

☑️ **왜 그럴까요?**

배가 뜨는 것은 물이 밀려났기(displacemant) 때문입니다. 즉, 물을 대신한 자리의 물체가 물의 무게보다 가벼우면 물체가 물에 떠 있게 됩니다. 물은 매우 무겁기 때문에, 공기가 들어찬 배는 물보다 밀도가 낮아 물에 떠오르게 됩니다. 바로 그것이 부력*입니다.

* 부력은 물체가 물이나 공기 중에서 뜰 수 있게 해 주는 힘을 말합니다. 우리가 수영장에서 뜨는 것, 물고기나 무거운 배가 바다에 뜰 수 있는 것도 모두 부력 때문이에요. 부력이란 물체가 밀어낸 물의 무게만큼의 힘이 위쪽으로 작용하여 물체의 무게와 반대로 물체를 뜰 수 있게 하는 힘을 말하는 것이지요.

🔧 STEAM 연결고리

우리는 이 간단한 기계 공학 활동에서, 배를 띄우기 위해 과학 ⑤ 의 부력(물이 밀려난 부분을 채운 물질의 질량 차이로 생기는 힘)을 사용합니다. 또한, 포일의 크기를 재고 동전을 셀 때 수학 ⑩ 을 사용하고, 배를 만들고 디자인하면서 예술 ⑪ 을 경험했습니다.

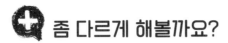 **좀 다르게 해볼까요?**

배의 크기와, 배에 실을 수 있는 동전의 개수에는 어떤 관계가 있나요? 배의 크기를 다르게 해서 시험해 보고, 각각의 배에 동전을 얼마나 실을 수 있는지 알아보세요.

집에 있는 그릇 같은 다른 물건을 포일의 틀로 사용해서 다양한 모양의 배를 만들어 보세요. 특별히 더 물에 오래 떠 있는 모양이 있나요?

여기서 잠깐! 알아두면 쓸모 있는
지식 모아보기

직업의 모든 것: 조선업과 조선소

여러분은 '조선'하면 무엇이 떠오르나요? 세종대왕과 정조, 장영실, 신사임당이 살았던 조선시대가 생각나나요? 물론 그런 의미에서의 조선도 있지만, 배를 만든다는 의미의 '조선'도 있답니다. 만들 조(造)와 배 선(船) 자를 합친 말이지요.

말 그대로 조선업은 배를 설계하여 만드는 산업입니다. 배는 사용 목적에 따라서 군함, 상선, 특수선 등으로 나눠지는데 조선업의 대상이 되는 배는 대부분 상선(여객선, 화물선 등 상업 목적으로 사용되는 배)입니다.

조선소는 조선업을 하는 곳, 즉 배를 만드는 곳을 말합니다. 배는 워낙 크다 보니, 조선소 역시 넓은 부지와 항구가 확보되어야 해요. 그래서 바다와 가까운 지방의 항구에 위치한 경우가 많습니다. 조선업은 많은 부품을 조립해서 만드는 종합 조립 산업이고 많은 노동력이 필요하므로, 조선업이 발달된 곳에는 배와 관련된 여러 부품을 생산하는 공장들이 모여 있답니다.

우리나라는 1970년대에 조선업이 크게 성장했고, 2003년 이후에는 일본을 제치고 선박을 주문받은 양과 선박을 건조한 양 부문에서 세계 1위를 차지하고 있어요.

페트병 자동차

⚠️ 어린이 혼자 하면 위험해요. 어른과 함께 실험해 보아요!

최초의 자동차는 1880년대 중반에 만들어졌습니다. 당시에는 자동차가 우리의 미래 사회를 어떻게 변화시킬지 아무도 상상하지 못했습니다. 이 활동을 통해 여러분은 자동차가 움직이는 원리를 탐구하게 됩니다.

 활동 시간 **30**분

 난이도 **보통**

 공학 활동 키워드 기계 공학 차축 자동차

 재료

- 빈 페트병
- 가위
- 15cm 길이의 둥근 나무 막대 2개(또는 30cm 나무 꼬치를 반으로 잘라서 사용)
- 잘 드는 칼
- 똑같은 플라스틱 뚜껑 4개

 ## 활동 순서

● 자동차 본체와 차축 만들기

1 자동차의 본체는 페트병으로 만들 거예요. 본체를 만들 때, 페트병은 얇아서 자르기 쉽습니다. 물론 음료 페트병이 아닌 샴푸통이나 다른 통이나 병을 사용해도 됩니다.

2 먼저, 병에 붙은 라벨을 제거합니다.

3 (보호자) 페트병의 바닥에서 약 5cm 정도 위쪽에 칼집을 내고, 가위를 넣어 나무 막대가 통과할 수 있도록 구멍을 냅니다. 이곳이 뒷바퀴와 뒷바퀴 차축이 위치할 곳이에요.

4 구멍에 나무 막대를 넣어서 막대가 통과할 맞은편 구멍의 위치를 정합니다. 구멍의 위치는 (바퀴가 될) 플라스틱 뚜껑의 크기에 따라 다릅니다. 바퀴가 지면에 닿으려면 페트병을 바닥에 가로로 눕혔을 때, 지면과 나무 막대(차축)의 높이가 바퀴의 반지름보다 낮아야 합니다. 또한, 구멍을 내기 전에 차축이 수평인지 확인하세요. 바퀴가 비뚤어지면 차가 제대로 굴러가지 않게 됩니다. 차축이 수평이 되도록 반대편 구멍을 뚫으려면 3번에서 낸 구멍과 180도 반대편에 있는 위치에 뚫으면 되겠죠?

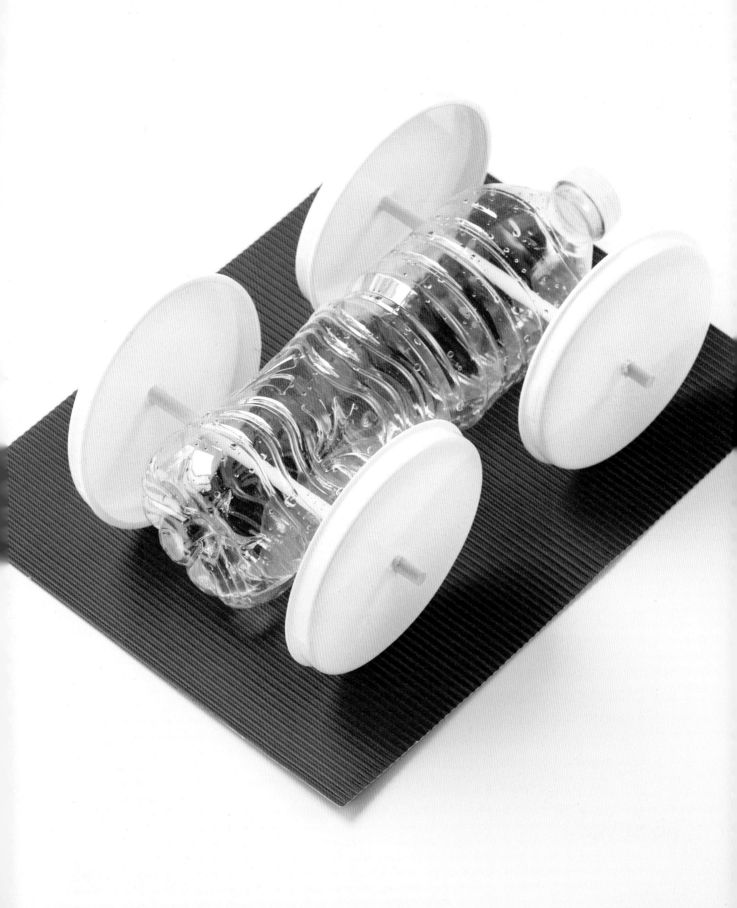

5 뒷바퀴 차축(axle)이 될 나무 막대를 구멍에 밀어 넣습니다. 이 나무 막대와 같은 높이로 병 입구 쪽에 앞바퀴의 차축이 될 구멍의 위치를 정해서 3~4번 순서처럼 구멍을 뚫어줍니다. 앞바퀴와 뒷바퀴의 차축은 서로 평행해야 합니다. 평행해야 네 바퀴가 지면에 닿을 테니까요!

6 5번에서 뚫은 앞쪽 구멍에 앞바퀴 차축이 될 나무 막대를 넣습니다.

● 자동차에 바퀴 달기

1 보호자 플라스틱 뚜껑 4개의 중심에 작게 X 모양으로 칼집을 냅니다.

2 나무 막대 양쪽 끝에 뚜껑을 하나씩 끼웁니다.

> ❗경고 날카로운 칼은 어른이 사용해야 합니다.

● 자동차 시험하기

1 차를 바닥에서 밀어보세요.
차가 굴러 가지 않으면, 차축의 높이를 조절하거나 또는 바퀴를 더 큰 뚜껑으로 바꿔 보세요.

☑ 왜 그럴까요?

이 기계 공학 활동으로 여러분은 바퀴와 차축으로 이루어진 간단한 기계 조립을 활용했습니다. 차축이 회전하면, 차축에 연결된 바퀴도 따라 회전하면서 차가 앞으로 나아가는 것입니다.

여러분의 페트병 자동차 공학은 차축과 바퀴라는 간단한 기계 기술 **T**을 사용합니다. 자동차를 장식해서 예술적인 **A** 요소를 추가할 수 있겠죠?

➕ 좀 다르게 해볼까요?

차를 좀 더 부드럽게 굴러가게 해 볼까요? 음료수 빨대를 잘라 차축 구멍에 넣고, 얇은 나무 꼬치를 빨대 속으로 통과시켜 차축으로 사용해 보세요.
차의 지붕에 종이 돛을 달고, 입으로 돛을 불어서 차를 굴러가게 만들 수 있을까요?

여기서 잠깐! 알아두면 쓸모 있는
지식 모아보기

직업의 모든 것: 자동차 정비사

우리는 일상생활 속에서 많은 자동차를 탑니다. 부모님이 운전하는 차부터, 여행의 발이 되어주는 버스까지. 이외에도 살면서 정말 다양한 차를 타죠. 거리만 봐도 자동차가 참 많다는 것을 알 수 있어요. 그런데, 이렇게 우리 삶을 윤택하게 만드는 자동차가 고장난다면 어떻게 될까요? 자동차 없이 먼 거리를 걸어간다고 상상해 보세요. 정말 힘들지 않을까요?

때문에 자동차 정비사는 정말 중요한 직업입니다. 자동차 정비사는 자동차가 고장 나지 않도록 점검하고, 고장이 났을 때 정상적으로 운행할 수 있도록 고쳐주는 일을 합니다. 자동차 정비사가 되려면 자동차에 대해서 잘 알고, 자동차를 잘 고칠 수 있다는 자격을 인정받아야 해요. 자동차정비기능장과 자동차정비산업기사, 자동차정비기사와 같은 자격증을 따야 하죠. 대학에서 자동차 관련 학과인 자동차과, 자동차공학이나 기계자동차공학, 기계공학을 전공하는 것도 좋습니다. 미래에는 자동차 정비사가 자동차만 정비하는 것이 아니라, 새롭게 등장하는 다양한 모빌리티(이동 수단)를 정비하게 될 것 같습니다.

하늘을 나는 익룡

⚠️ 어린이 혼자 하면 위험해요. 어른과 함께 실험해 보아요!

여러분은 새로운 장난감으로 노는 걸 좋아하죠? 약간의 창의력과 간단한 물건 몇 개만 있으면 여러분만의 비행 장난감을 만들 수 있습니다. 동생한테 만들어 주어도 좋겠지요.

 ## 활동 순서

● 익룡 만들기

1. 휴지심을 두꺼운 종이로 둘러쌉니다.

2. 색종이에 익룡의 날개와 꼬리를 그린 다음, 오려서 휴지심 뒤쪽에 접착제로 붙입니다.
   색종이에 익룡 얼굴도 그려서 휴지심 앞쪽에 붙여주세요.

3. 사인펜으로 익룡 얼굴에 재밌는 표정을 그립니다. 굴러가는 인형눈을 붙이면 더 재미있습니다.

4. 접착제가 마르도록 잠시 기다립니다.

● 나는 장치 만들기

1. 실을 1.2~1.5m 길이로 잘라서, 문 손잡이나 걸고리에 걸어 줍니다. 이때 고리에 걸린 실 양쪽의 길이가 같게 조절해주세요.

2. 두 가닥이 된 실을 하나로 잡아 익룡(휴지심)의 위에서 아래로 통과시켜 빼냅니다.

활동 시간
20분

난이도
⭐ 쉬움

공학 활동 키워드
 기계 공학   장력
지레

 ## 재료

- → 빈 휴지심
- → 두꺼운 종이
- → 색종이나 색지
- → 접착제(풀, 본드)
- → 사인펜이나 유성 마커
- → 굴러가는 인형눈(선택사항)
- → 가위
- → 자
- → 실
- → 문고리나 손잡이

3 실을 양손에 한 가닥씩 잡고, 팔을 양쪽으로 벌립니다.

4 실이 크게 벌어지면 익룡이 실 꼭대기(고리 쪽)까지 날아갔다가 다시
모으면 익룡이 미끄러져 내려갑니다.

⚠️ 경고 긴 줄은 어린 아이가 가지고 놀다 뒤엉켜 위험해질 수 있습니다.
반드시 어른이 지켜보도록 하세요.

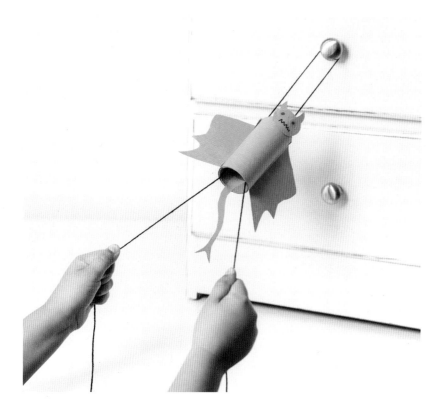

☑ 왜 그럴까요?

실을 양쪽으로 벌리면 실의 장력*(tension)이 증가합니다. 양쪽 실이 벌어지면서 실의 각도가 변하고 이때 장력도 함께 변화되면서 휴지심으로 힘이 전달됩니다. 이때, 실이 지레와 같은 역할을 하면서 휴지심 익룡을 밀어 올립니다. 양쪽 실의 각도가 작아지면 장력이 낮아지고, 중력에 의해 휴지심이 다시 미끄러져 내려갑니다.

---

* **장력**은 당기거나 당겨지는 힘을 말합니다. 줄과 같은 1차원 물체의 양쪽 끝이 힘을 받아 팽팽함이 유지될 때, 그 줄의 각 점에 작용하는 당기는 힘입니다. 장력의 근원은 줄을 당길 때 생기는 복원력입니다.

🧪 STEAM 연결고리

이 기계 공학 놀이에서는 실의 길이를 재고 자를 때 수학 Ⓜ과 기술 Ⓣ을 사용합니다. 또 여러분은 익룡을 장식하면서 예술 Ⓐ을 경험했습니다.

➕ 좀 다르게 해볼까요?

익룡을 더 빨리 또는 더 느리게 날게 하려면 어떻게 해야 할까요?
실 고리를 문 손잡이에 걸지 않고, 친구에게 도움을 청해 앞뒤로 익룡을 왔다 갔다 하게 할 수 있나요?

구름처럼 하늘 위를 둥둥! 패러글라이딩

QR 코드를
스캔하면
관련 영상을
볼 수 있어요!

패러글라이딩 국가대표가
설명하는 패러글라이딩의
과학적 원리

패러글라이딩(Paragliding)은 낙하산(Parachute)과 행글라이딩(Hang Gliding)에서 한 글자씩 빌려 만든 합성어입니다. 이름만 봐도 알 수 있듯이 낙하산과 행글라이더를 융합하여 만든 항공 레저입니다. 패러글라이딩은 모터와 같은 기계 없이 무동력으로 하늘을 날 수 있는 아주 매력적인 방법인데요. 어떻게 기계의 도움 없이 하늘을 날 수 있는 걸까요?

간단하게 말하자면 패러글라이딩은 높은 곳에서 뛰어내려 바람의 힘으로 하늘을 나는 것입니다. 패러글라이딩을 할 때 사용하는 낙하산을 보면 하늘에 가까운 윗면은 둥글고 아랫면은 비교적 평탄합니다. 낙하산 정면에서 바람이 불면 비교적 면적이 적은 아랫면의 바람 속도가 빨라집니다. 즉 압력이 높은 아랫면이 윗면을 떠받치면서 공중에 뜰 수 있게 하는 '양력'이 발생하고 이 힘으로 중력을 이기고 공중에 뜰 수 있게 되는 것입니다.

골판지 도개교

⚠️ 어린이 혼자 하면 위험해요. 어른과 함께 실험해 보아요!

중세의 성에는 '도개교*'라는 것이 있었는데, 도르래(pulley)와 균형추**를 사용하여 한 두 사람이 무거운 나무다리를 올렸다 내렸다 하는 장치입니다. 이번 활동에서는 골판지 상자로 도개교를 만들어서 그 작동 방식을 살펴봅니다.

활동 시간
20분

난이도
쉬움

공학 활동 키워드
토목 공학　　도개교
도르래

재료

➡ 가위나 칼
➡ 골판지 상자(장난감보다 높이가 높은 상자로 준비해 주세요)
➡ 자
➡ 펜
➡ 털실
➡ 여러 개의 장난감

활동 순서

● 도개교 만들기

1 상자의 윗면은 제거합니다.

2 상자의 네 옆면 중 하나를 골라, 자를 대고 펜으로 바닥에서부터 큰 직사각형을 그립니다(장난감의 크기 보다 크게).

3 직사각형의 윗면과 양 옆면을 오리고 아랫면은 오리지 않고 남겨 둡니다. 이 팔랑거리는 덮개가 바로 도개교가 됩니다.

* **도개교**는 큰 배가 밑으로 지나갈 수 있도록 하기 위하여 위로 열리는 구조로 만든 다리입니다. 다리를 내리면 사람이나 자동차가 지나다니고, 다리를 올리면 큰 배가 밑으로 지나다닐 수 있습니다.

** **균형추(COUNTER WEIGHT)**는 밸런스 웨이트 또는 평형추라고도 합니다. 일반적으로, 작용하는 외력과 전체의 균형을 맞춰 전체를 안정시키기 위해 사용하는 것을 말합니다.

● 열고 닫는 장치 설치하기

1 **보호자** 이 덮개의 양쪽 위 모서리에서부터 약 1~2cm 안쪽에, 가위나 칼로 조심스럽게 구멍을 하나씩 만듭니다.

2 털실 2개를 각각 60cm 길이로 자릅니다.

3 1번에서 만든 덮개 구멍에 털실을 하나씩 꿰어 각각 묶어 줍니다. 이때 길게 남은 털실은 도개교 바깥쪽을 향하게 둡니다.

4 털실이 상자 위쪽을 지나 상자 뒤쪽에 늘어지도록 합니다.

5 털실 2개를 당기면 도개교(덮개)가 닫히고, 털실을 풀면 열립니다(닫힐 때나 열릴 때 손으로 덮개를 누르거나 살짝 털실을 당겨야 할 수도 있어요).

> **⚠ 경고** 날카로운 가위나 칼은 어른이 사용해야 합니다.

☑ 왜 그럴까요?

털실과 닿는 상자의 위쪽 모서리는 털실이 미끄러지듯 움직이는 도르래와 같은 작용을 합니다. 이 도르래는 간단하지만 힘의 방향을 바꿀 수 있습니다. 털실을 잡아당길 때 아래로 전달되는 힘에 의해 다리(또는 문)가 땅에서 들어 올려져 닫히게 됩니다.

🔬 STEAM 연결고리

이 활동에서는 털실의 길이를 재고, 도개교 혹은 문이 될 직사각형을 그릴 때 수학 **M**을 사용했습니다. 또 자와 가위라는 기술 **T**을 사용했습니다. 또한 상자를 장식하며 예술 **A**을 적용할 수도 있습니다.

좀 다르게 해볼까요?

덮개의 위쪽 모서리 대신, 아래쪽에 구멍을 내고 실을 꿰면 어떻게 될까요?
덮개를 들어 올리는 것이 더 쉬워질까요, 어려워질까요?

우리나라에서 도개교는 어디에 있을까요?

우리는 이번 공학 활동에서 필요에 따라 들어올려지는 도개교를 만들어 보았습니다. 여러분은 도개교를 실제로 본 적 있나요? 도개교는 우리나라 어디에 있을까요?

부산에 우리나라 유일의 도개교가 있습니다. 바로 영도대교인데요. 부산 광역시 중구와 영도구를 연결하는 다리로, 1934년 준공되었습니다. 이후 기존의 영도대교가 낡고, 교통량이 증가하면서 2013년 지금의 6차선 형태로 복원 및 개통했습니다.

QR 코드를 스캔하면 관련 영상을 볼 수 있어요!

부산 영도대교 도개식

고무줄 새총

⚠️ 어린이 혼자 하면 위험해요. 어른과 함께 실험해 보아요!

고무줄은 1845년 스티븐 페리(Stephen Perry)라는 사람이 발명했습니다*. 고무줄놀이 역시 고무줄의 역사만큼 오랜 역사를 가진 장난감입니다. 이번 활동에서는 고무줄 새총을 만들어서 나만의 고무줄놀이를 개발하고 위치에너지와 운동에너지를 공부할 것입니다.

 활동 순서

● 새총 손잡이와 고무줄 걸이 만들기

1. 15cm 공예 스틱 두 개를 글루건으로 맞붙여서 새총의 손잡이를 만듭니다.

2. 일반 공예 스틱 두 개도 같은 방법으로 붙여 놓습니다.

3. 새총 손잡이 역할을 할 15cm 공예 스틱 위에 일반 스틱을 붙입니다. 이때, 15cm 공예 스틱의 상단에서 2.5cm 정도 아래 지점에 일반 공예 스틱 끝을 90도 각도로('ㄱ'자 모양으로) 붙여야 합니다.

 10분
활동 시간

 쉬움
난이도

공학 활동
키워드

기계 공학	고무줄
탄성에너지	위치에너지
운동에너지	

 재료

➡ 글루건
➡ 15cm 공예 스틱 2개
➡ 일반 공예 스틱 2개
➡ 집게
➡ 고무줄 한 다발
(줄 고무줄이 아니라, 머리 묶는 고무줄 같은 원형의 고무줄이 필요합니다)

---

* 최초의 발명가에 대해선 의견이 분분하지만, 기록상으로 최초는 스티븐 페리입니다. 1845년 3월 17일 영국에서 특허를 따냈습니다. (역자주)

● 집게와 고무줄 장치하기

1 다음으로, 집게를 새총 손잡이 스틱(15cm)에 나란히 글루건으로 붙입니다. 이때 집게가 열리는 쪽의 끝을 손잡이 스틱 위쪽 끝과 맞춥니다.

2 글루건이 완전히 마를 때까지 기다립니다.

3 집게를 열고 고무줄 한쪽을 끼운 채 닫아 고정합니다. 고무줄을 잡아당겨서 새총 손잡이 스틱과 90도로 고정되어 있는 일반 공예 스틱 끝에 걸쳐 놓습니다.

> ⚠ **경고** 글루건은 매우 뜨겁습니다. 글루건을 사용할 때는 반드시 어른의 도움을 받아야 합니다. 또, 사람이나 동물을 향해 고무줄을 겨누지 마세요. 아주 위험합니다!

● 새총 시험하기

1 우선 주변에 사람이 없는 넓은 공간으로 갑니다. 튕겨 나간 고무줄은 아주 강하고 위험하니까요! 저 멀리에 빈 캔 같이, 안전한 과녁을 세워 놓고 고무줄 새총을 조준합니다. 이제 집게를 누르면 집게가 열리면서 고무줄이 튕겨 나갑니다.

> ☑ **왜 그럴까요?**
>
> 고무줄을 잡아당기는 것은 고무줄에 위치에너지(potential energy)를 저장하는 것입니다. 고무줄을 놓는 순간 위치에너지는 운동에너지로 빠르게 전환되어 고무줄이 앞으로 튕겨 날아갑니다.

참고 **운동에너지란?**

운동에너지는 운동하는 물체가 가지는 에너지를 말해요. 여기서 '운동'은 물체가 시간이 지남에 따라 그 위치를 바꾸는 것을 말해요. 도로를 빠르게 달리는 차는 시간이 지남에 따라 그 위치가 빠르게 변하고, 이렇게 운동하는 차는 운동에너지를 가진답니다. 또한, 풍력발전기의 날개, 볼링공, 움직이는 그네, 달리는 사람 등이 운동에너지를 가져요.

질량이 큰 물체일수록 운동에너지는 증가합니다. 가벼운 탁구공과 무거운 볼링공을 던진다면 질량이 큰 볼링공이 훨씬 큰 운동에너지를 갖는답니다. 볼링공은 볼링핀을 쓰러뜨릴 수 있지만, 탁구공은 볼링핀을 쓰러뜨릴 수 없는 이유도 질량에 따른 운동에너지 차이에 있답니다.

 **STEAM 연결고리**

이 기계 공학 활동에는 많은 과학 🄢 원리가 숨겨져 있습니다. 위치에너지와 운동에너지를 다루기 때문입니다. 고무줄 새총을 만들 때는 글루건이라는 기술 🄣과 기초적인 수학 🄜을 사용합니다.

💬 좀 다르게 해볼까요?

새총의 집게를 다른 위치에 붙이면 어떻게 될까요?

여기서 잠깐! 알아두면 쓸모 있는
지식 모아보기

고무줄의 탄생

고무의 역사는 꽤나 오래되었습니다. 기원전부터 고무나무 수액을 사용해 고무를 만들어 사용했지요. 이후, 미국인 찰스 굿이어는 우유같이 생긴 천연 유액에 유황을 넣고 끓이면 고무가 더욱 단단하고 튼튼해지는 것을 알아냈습니다. 그리고 1845년 3월 17일 영국에서 스티븐 페리가 고무줄 특허를 따내면서, 고무줄이 우리 삶에 본격적으로 나타나게 되었지요.

↖ QR 코드를 스캔하면 관련 영상을 볼 수 있어요!

작지만 강하다! 고무줄의 위력

종이컵 전화기

사람들은 알렉산더 그레이엄 벨(Alexander Graham Bell)*이 1876년에 처음으로 전화기를 발명했다고 알고 있습니다. 하지만 그보다 훨씬 전인 1667년에 영국의 물리학자 로버트 후크(Robert Hooke)는 선을 통해 소리를 전달할 수 있는 전화기의 시초로 볼 수 있는 장치를 만들었습니다. 이 장치는 벨이 만든 진보된 디자인과 비교할 수 없지만, 이번 활동에서는 이 장치를 더욱 단순한 장치인 종이컵 전화기로 만들어서 음파에 대해 알아보도록 하겠습니다.

활동 시간 **10분**

난이도 쉬움

공학 활동 키워드 기계 공학 음파 소리 진동

재료

- ➡ 가위
- ➡ 실이나 끈
- ➡ 줄자 또는 자
- ➡ 뾰족한 펜이나 연필
- ➡ 종이컵 2개

활동 순서

● 전화기 만들기

1 실을 3m 길이로 자릅니다.

2 펜 끝으로 종이컵 2개의 바닥에 작은 구멍을 냅니다.

3 컵 하나의 구멍에 실을 꿰어 넣고, 컵 안에서 매듭을 지어 실이 빠져나가지 않게 고정합니다.

4 그 실의 다른 쪽 끝을 두 번째 컵의 바닥에 꿰어 넣고, 같은 방법으로 안쪽에 매듭을 지어 고정합니다.

---

* **알렉산더 그레이엄 벨**은 스코틀랜드에서 태어난 미국인 과학자이자 발명가입니다. 최초의 '실용적인' 전화기의 발명가로 널리 알려져 있지만 사실, 전화를 최초로 발명한 사람은 이탈리아의 안토니오 메우치(ANTONIO SANTI GIUSEPPE MEUCCI)입니다. 안토니오는 알렉산더보다 무려 21년이나 앞서 전화기를 발명했습니다. 2002년 미국 의회에서는 최초의 전화 발명자를 안토니오 메우치로 인정하기도 했습니다. (역자주)

● 전화기 시험해 보기

1 새 전화기를 시험해 볼 준비가 되었죠? 친구에게 컵 하나를 주고 친구의 귀 위에 대게 합니다.

2 실의 길이만큼 친구와 거리를 두고 실을 팽팽하게 한 상태에서, 다른 쪽 컵을 여러분의 입에 대고 속삭여 보세요. 친구가 컵을 통해서 여러분의 말소리를 듣게 될 거예요!

☑ 왜 그럴까요?

음파는 소리라고도 합니다. 우리는 소리를 통해 사람들의 말, 음악, 새의 지저귐 등을 들을 수 있죠. 음파는 기체(공기), 고체, 액체와 같은 물체의 진동에 의해 전달됩니다. 여러분이 컵에 대고 말을 하면, 음파의 진동이 실을 타고 듣는 사람의 컵으로 전달됩니다. 그러면 그 진동이 컵 안의 공기로, 즉 듣는 사람의 귀 주변으로 전달되어 여러분의 말소리가 들리게 됩니다. 고체는 사실 공기보다 음파를 더 잘 전달합니다. 따라서 여러분이 종이컵 전화기 없이 활동과 같은 거리에서 허공에 대고 속삭이는 것보다, 종이컵 전화기를 통해 속삭인 것이 훨씬 더 선명하게 들립니다.

🧪 STEAM 연결고리

이 공학 활동에서, 여러분은 음파라는 과학 ⑤ 을 이용하여 스스로 기술 ⊤ 을 창조했습니다. 실의 길이를 측정하면서 기본적인 수학 Ⓜ 도 사용했습니다. 예술적 Ⓐ 역량을 발휘하고 싶나요? 사인펜이나 스티커로 종이컵 전화기를 멋지게 장식해 보세요.

➕ 좀 다르게 해볼까요?

더 긴 실을 사용해도 종이컵 전화기가 작동할까요? 7m 이상의 긴 실로 시험해 보세요. 그보다 더 긴 실로도 소리를 잘 전달할 수 있나요?
종이컵 대신, 플라스틱 컵이나 빈 캔으로도 해 보세요. 어떤 전화기가 더 잘 들릴까요?

QR 코드를 스캔하면 관련 영상을 볼 수 있어요!

종이컵 전화기는 얼마나 먼 거리에서도 소리를 전달할 수 있을까요?

태양 증류기

⚠️ 어린이 혼자 하면 위험해요. 어른과 함께 실험해 보아요!

태양은 참 놀랍습니다. 태양은 우리에게 밝은 빛을 주고, 세상을 따뜻하게 만듭니다. 한여름 태양의 열기에 아이스크림은 맥없이 녹아 버리기도 합니다. 이번 활동에서는 안전하게 마실 수 있는 깨끗한 식수를 만들기 위해, 태양에너지를 사용하는 태양 증류기*를 직접 만들어 봅니다.

 활동 시간
준비하는 데 **10**분
증류기 설치 후에 **3~4**시간 대기

 난이도
보통

 공학 활동 키워드
화학 공학   태양에너지
물의 증발

활동 순서

● 증류기 만들기

1 플라스틱 양동이나 그릇에 5cm 높이로 물을 채웁니다.

2 소금 2~3큰술을 물에 넣고 저어줍니다. 소금물이 완성됐습니다!

3 소금물이 든 양동이를 햇볕이 잘 드는 평지에 놓아둡니다.

4 빈 유리병을 양동이 가운데에 조심스럽게 넣어 줍니다. 병에 소금물이 들어가지 않도록 주의하세요!

5 양동이 전체를 랩으로 덮고(양동이 한 가운데에 둔 유리병도 랩으로 덮이겠죠?), 고무줄로 양동이에 랩을 단단히 고정합니다.

6 마지막으로 작은 자갈 하나를 유리병 바로 위, 랩 표면에 올려놓습니다.

 재료

● 물
● 유리병
● 플라스틱 양동이나 그릇
  (유리병보다 높은 것)
● 계량스푼(큰술)
● 소금
● 투명 랩
● 고무줄
● 자갈
● 맑은 날씨의 야외

> ⚠️ 경고   적은 양의 물에서도 어린아이들은 익사할 위험이 있습니다. 보호자가 옆에서 지켜보면서 활동이 끝나면 반드시 양동이의 물을 비워주세요.

---

* 증류는 어떤 용질이 녹아 있는 용액을 가열하여 생긴 기체 상태의 물질을 다시 냉각시켜 순수한 액체 상태로 만드는 것입니다. 증류기는 바로 이러한 '증류'를 가능케 하는 도구이죠.

● 물 증류하기

1   이 상태로 증류기를 몇 시간 동안 햇볕에 놓아둡니다.

2   몇 시간 후, 유리병에 약간의 물이 고인 것을 확인합니다.
맛을 보면, 소금물처럼 짠 물이 아니라 생수와 같은 맹물일 것입니다.

☑ 왜 그럴까요?

태양은 양동이 안의 물을 증발시킵니다. 그러나 랩으로 양동이를 둘러쌌기 때문에 증발된 물은 빠져나가지 못하고 랩 안쪽에 물방울로 맺히게 됩니다. 랩 위의 자갈 때문에, 랩은 유리병 쪽으로 중심이 쏠린 상태입니다. 그래서 물방울은 중앙의 유리병 쪽으로 흘러 떨어집니다. 유리병 속의 물은 정화된 상태이므로 소금의 짠맛이 없습니다.

🔬 STEAM 연결고리

이 화학 공학 활동에서는 태양에너지에 대한 과학적 ⑤ 지식을 사용합니다. 여러분이 만든 태양 증류기는 기술 ① 이 집약된 장치입니다. 또한 여러분은 일정한 높이로 물을 넣기 위해 수학 ⑩ 을 사용했습니다.

➕ 좀 다르게 해볼까요?

활동 재료들을 헹궈내고 다시 한번 시도해 보세요. 이번에는 소금 대신 약간의 흙을 물에 섞어 봅니다. 증류된 물은 마시지 말고, 태양 증류기가 흙을 정화했는지만 확인하세요.

종이컵 빌딩숲

여러분은 고층 빌딩을 보고, 어떻게 그렇게 높게 지을 수 있는지 궁금해한 적이 있나요? 높은 구조물을 만들 때는 많은 공학 기술이 필요합니다. 이 활동에서 여러분은 그와 관련된 과학의 일부를 탐구할 수 있습니다.

 활동 시간 **30분**

 난이도 쉬움

 공학 활동 키워드 토목 공학　건축 공학　무게중심

 ## 활동 순서

● 10분 내에 탑 쌓기

1 타이머를 10분으로 설정합니다.

2 10분 동안, 종이컵으로 여러분이 할 수 있는 가장 높은 탑을 세우세요. 컵을 다 사용하지 않아도 괜찮습니다.

3 10분이 되면 쌓은 탑의 높이를 측정합니다.

● 최대한 높게 탑 쌓기

1 이번에는 타이머 없이, 처음 종이컵 탑을 쌓은 경험을 살려 더 높은 탑을 쌓아 봅니다.

2 더 이상 높게 쌓을 수 없다고 생각되면 탑의 높이를 측정하세요. 얼마나 높아졌나요?

 ## 재료

● 스톱워치 또는 타이머
● 종이컵 50개
● 줄자

탑을 높게 쌓기 위해서는 시작할 때 토대*가 넓어야 합니다. 넓은 토대 위에서는 무게중심을 안정적으로 유지할 수 있기 때문에 건물이 쉽게 무너지지 않습니다. 또한, 건물은 위로 갈수록 좁아져야 합니다. 그래야 무게중심이 위로 가지 않고, 넓은 토대에 가깝게 낮은 위치에 있게 됩니다. 이렇게 건물의 무게중심을 되도록 낮게 유지해야 무너지지 않고 버틸 수 있습니다.

* 모든 건축물에서 가장 아래가 되는 밑바탕입니다. 어린아이들에게는 '바닥'이라고 설명해도 무방합니다.

🧪 STEAM 연결고리

이 토목 공학 활동에서는 STEAM의 모든 요소를 사용합니다. 공학 외에도, 컵의 균형과 무게중심을 다루면서 과학 ⑤ 을 사용합니다. 타이머를 설정하고 구조물의 높이를 측정할 때 수학 ⓜ 과 기술 ⓣ 을 사용합니다. 또한 여러분은 탑 모양을 생각하고 구조를 설계하면서 예술 ⓐ 활동을 했습니다.

➕ 좀 다르게 해볼까요?

종이컵 탑을 쌓을 때 카드를 더해서 함께 쌓아 봐요. 종이컵 사이에 카드를 끼우면 탑을 더 높게 만들 수 있을까요?
친구와 함께 종이컵 탑 쌓기 대결을 해봐요! 1분 만에 누가 더 높은 탑을 쌓을 수 있는지 겨뤄 보세요.

세계에서 가장 높은 건물과 우리나라에서 가장 높은 건물은?

세계에서 가장 높은 건물, 부르즈 할리파

세계에서 가장 높은 건물은 아랍에미리트(UAE) 두바이에 위치한 162층, 총 높이 828m의 부르즈 할리파입니다. 엄청나게 높은 건물이지만 초속 55m의 바람과 규모 7의 강한 지진도 견딜 수 있도록 튼튼하게 설계되었다고 해요. 놀랍게도 이 건물은 우리나라 기업인 삼성물산이 시공했다고 합니다.

우리나라에서 가장 높은 건물, 제2롯데월드

우리나라에서 가장 높은 건물은 서울특별시 잠실에 위치한 123층, 총 높이 555m의 제2롯데월드(롯데월드타워)입니다. 국내 최초로 100층을 돌파하는 건물이기도 합니다. 제2롯데월드 역시, 초속 80m의 바람과 규모 9의 강한 지진을 견딜 수 있도록 설계되었다고 합니다.

풍선 동력 배

 어린이 혼자 하면 위험해요. 어른과 함께 실험해 보아요!

알록달록한 풍선은 파티 장식 말고도 여러모로 쓸모가 있습니다. 이번 활동에서는 물리학의 원리를 이용하여 풍선으로 재미있는 장난감을 만듭니다. 두 척의 배를 만들면 친구와 경주할 수도 있습니다.

 활동 순서

● 배 만들고 장식하기

1 재활용 플라스틱 용기로 배를 만듭니다.
용기의 옆면 아래쪽 가운데에, 가위로 빨대가 들어갈 만한 구멍을 냅니다.

2 구부러지는 빨대의 짧은 끝(우리가 입을 대는 곳)이 용기의 구멍 안으로 들어가게 합니다.

3 준비해둔 풍선을 펴질 정도로만 살짝 불어줍니다. 나중에 배가 완성되면 쉽게 불 수 있도록 하기 위해서예요.

4 용기 구멍에 끼워진 빨대의 짧은 쪽에 풍선 입구를 끼워 줍니다. 풍선의 공기가 새어 나가지 않도록 테이프로 감아 붙여 줍니다.

5 배를 장식할 차례입니다. 유성 마커로 배에 그림을 그리거나 색색의 테이프로 장식합니다.

 15분
활동 시간

★ **쉬움**
난이도

 기계 공학
작용·반작용의 법칙
공학 활동 키워드

 재료

➡ 풍선
➡ 가위나 칼
➡ 구부러지는 빨대
➡ 테이프
➡ 재활용 플라스틱 용기
➡ 물을 채운 욕조 또는 대형 플라스틱 용기
➡ 유성 마커 (선택사항)
➡ 색색의 강력 테이프 (선택사항)

● 배를 띄워 항해하기

1 욕조나 큰 플라스틱 용기에 15cm 높이로 물을 채웁니다.

2 앞서 만든 배에 꽂힌 빨대를 불어 풍선에 공기를 채웁니다.

3 공기가 빠져나가지 않도록 빨대를 두 손가락으로 꼭 잡아줍니다. 빨대 끝이 수면 아래로 위치하도록 방향을 돌려줍니다.

4 배를 물에 띄우고 빨대에서 손을 뗍니다. 배가 물을 가로지르며 전진하면 성공입니다!

> ⚠경고 어린아이들은 소량의 물에서도 익사할 위험이 있습니다. 활동이 끝나면 욕조나 용기의 물을 반드시 비워주세요.
> 아이들이 풍선을 가지고 놀다가 자칫하면 질식할 위험이 있습니다. 사용한 풍선은 활동이 끝나면 안전하게 폐기해야 합니다.

☑ 왜 그럴까요?

풍선의 힘으로 가는 배는 뉴턴의 제3 운동 법칙(작용·반작용의 법칙)의 좋은 사례입니다. 모든 운동에는 같은 크기의 힘으로 반대 방향으로 작용하는, 반작용이 있습니다. 이 활동에서는, 빨대에서 뿜어져 나온 공기가 물을 밀어내고, 그 반작용으로 인해 배가 앞으로 전진하는 것입니다.

참고 작용·반작용의 법칙이란?

우리는 작용과 반작용의 법칙을 수없이 많이 경험합니다. 작용·반작용의 법칙은 한 물체가 다른 물체에 힘을 작용하면 다른 물체도 힘을 작용한 물체에, 같은 크기의 힘을 반대 방향으로 작용하는 것을 말합니다. 이때 한쪽 힘은 작용, 다른 쪽 힘은 반작용이라고 합니다.

예를 들어, 여러분이 빙판 위에 스케이트를 신고 서있다고 상상해 봅시다. 친구와 여러분이 마주보고 있는 상태에서 친구가 여러분을 밀면 여러분은 뒤로 밀려납니다. 그렇다면 친구는 어떻게 될까요? 친구 역시 뒤로 밀려납니다. 친구가 여러분에게 힘을 작용할 때 일방적으로 밀기만 하는 것이 아니라, 친구 역시 여러분에서 되밀리는 힘을 받기 때문입니다.

이러한 작용·반작용의 법칙은 뉴턴의 제3 운동 법칙이라고도 합니다. 뉴턴의 제1 운동 법칙은 관성의 법칙이라는 것, 모두 잊지 않았죠?

🧪 STEAM 연결고리

이 기계 공학 활동에서는 과학 ⑤과 함께, 용기에 구멍을 낼 때 가위 ⓣ라는 기술을 사용하며, 배를 장식할 때 예술 ⓐ을 사용합니다.

➕ 좀 다르게 해볼까요?

빨대를 짧게 자르면 어떻게 될까요? 보트의 속도가 달라질까요?
풍선에 불어넣는 공기의 양은 보트에 어떤 영향을 미칠까요?

물 위에서 로켓 발사!

⚠️ 어린이 혼자 하면 위험해요. 어른과 함께 실험해 보아요!

베이킹 소다에 식초를 섞어 본 적이 있나요? 두 물질이 만나서 보글보글 거품이 생기는 것은 꽤 재미있습니다. 그런데 이러한 현상을 다른 용도로 사용할 수 있습니다. 이번에는 이런 현상을 활용하여 물 위에서 로켓을 발사해 봅니다.

 20분
활동 시간

 보통
난이도

 화학 공학　화학반응
공학 활동
키워드 　이산화탄소

 ## 활동 순서

● 로켓 만들기

1 보호자 칼끝으로 페트병 뚜껑 중앙에 X자로 구멍을 냅니다.

2 구부러지는 빨대의 짧은 쪽 끝을 X자 구멍에 통과시킵니다. 구멍이 작다면 펜 끝으로 구멍을 더 크게 넓혀도 좋습니다.

3 공기가 새어 나가지 않도록 되도록이면 구멍의 크기를 빨대 크기에 딱 맞추고, 강력 테이프로 밀봉합니다.

4 폼보드에 삼각형 2개를 그린 후 오립니다. 바로 이 두 개의 삼각형이 로켓의 날개가 됩니다. 날개를 페트병 아래 양쪽에 테이프로 붙여줍니다.

⚠️경고 날카로운 칼은 위험하므로 어른들만 사용해야 합니다.
얕은 물이라도 어린아이들은 익사할 위험이 있습니다. 활동이 끝나면 반드시 욕조나 용기의 물을 비워주세요.

 ## 재료

● 플라스틱 페트병
(병뚜껑까지 온전히 있어야 합니다)

● 구부러지는 빨대

● 폼보드('우드락'이라고도 합니다)

● 욕조 혹은 대형 플라스틱 용기

● 펜　　● 강력 테이프

● 가위　　● 커터칼

● 계량컵　● 식초

● 계량스푼(큰술)

● 베이킹 소다

● 로켓 발사하기

1 욕조(또는 큰 플라스틱 용기)에 10~15cm 높이로 물을 채웁니다.

2 앞서 만든 로켓(페트병)에 식초 ¼컵을 붓습니다.

3 이제 조심스럽게 베이킹 소다를 넣을 차례입니다.
로켓을 옆으로 기울이고, 2번에서 넣은 식초가 여전히 아래쪽에 깔린 상태에서, 베이킹 소다 한 큰술을 식초에 최대한 닿지 않게 천천히 넣어 줍니다. 아예 닿지 않게 넣는 것은 힘들겠지만, 식초에 베이킹 소다를 붓는 것처럼만 아니라면 모든지 괜찮습니다. 손가락으로 베이킹 소다를 밀어 넣어도 좋습니다.

4 로켓을 기울인 채로 뚜껑을 닫습니다. 공기가 빠져나가지 않도록 뚜껑을 단단히 잠가야 합니다.

5 로켓을 재빨리 흔들고, 뚜껑에 끼운 빨대 끝이 수면 아래에 잠기도록 한 뒤 로켓을 욕조에 띄웁니다.
로켓이 물살을 헤치고 나아가나요?

☑ 왜 그럴까요?

식초와 베이킹 소다가 만나면 화학 반응이 일어납니다. 이 화학 반응을 통해 이산화탄소라는 가스가 생겨납니다. 이 가스는 페트병 밖으로 나오기 위해 유일한 구멍인 빨대로 분출됩니다. 이때, 분출된 가스가 물을 밀어내면서 로켓이 앞으로 전진하는 것입니다.

🔬 STEAM 연결고리

이 화학 공학 활동에서는 로켓에 동력을 공급하기 위해 과학 Ⓢ, 그중에서도 화학(chemistry)을 사용합니다. 또한 우리는 계량스푼과 계량컵으로 측정할 때 기술 Ⓣ과 수학 Ⓜ을 사용했습니다. 로켓 몸통과 날개를 디자인할 때는 예술 Ⓐ 활동을 했습니다.

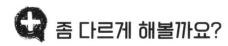

좀 다르게 해볼까요?

식초의 양을 다르게 하면 로켓에 어떤 영향을 줄까요?
그렇다면 베이킹 소다의 양을 바꾸면 어떻게 될까요?

직업의 모든 것: 더 높이, 더 멀리 우주로! NASA(나사, 미국 항공우주국)

밤하늘에 떠있는 달을 보며 '나도 달에 가고 싶어!'라고 생각한 적이 있나요? 달에 가고 싶다는 말도 안되는 꿈을 현실로 이뤄낸 곳이 바로 NASA(나사, 미국 항공우주국)랍니다. 1969년 7월 20일, 나사가 쏘아올린 우주선은 무사히 달에 착륙했고 우주비행사 닐 암스트롱은 인류 최초로 달에 발을 내딛었어요. 달에 가고 싶다는 모두의 상상을 현실로 만든 나사는 도대체 어떤 곳일까요?

나사는 미국의 우주 개발에 대한 모든 일을 맡고 있는 국가 기관입니다. 우주로 나가는 우주선을 만들어 발사하고, 우주에 있는 우주선이 보내온 데이터를 분석하기도 하죠. 또, 우주로 나갈 용감한 우주비행사들을 훈련시키기도 해요. 우주선뿐만 아니라, 인공위성을 쏘아올리기도 하는데 바로 이런 인공위성 덕분에 날씨도 예측할 수 있고, 멀리 있는 친구와 전화할 수 있으며 재미있는 TV 방송도 다양하게 볼 수 있죠.

나사는 2000년대 이후, 지구와 가장 가까운 태양계 행성인 화성 탐사에 힘을 쏟고 있어요. 나사의 탐사로 화성에도 한때 물이 있었고, 아직도 극지방엔 얼음이 쌓여 있다는 사실을 알게 됐죠. 이처럼 나사는 지금도 여전히 미지의 우주를 탐사하며 많은 정보를 찾아내고 있답니다.

여러분도 우주에 갈 수 있답니다. 우주비행사의 꿈을 안고 NASA에서 일하는 여러분의 모습을 그려봐요!

우유로 만드는 플라스틱

⚠️ 어린이 혼자 하면 위험해요. 어른과 함께 실험해 보아요!

우리는 항상 플라스틱과 함께 하고 있습니다. 오늘날의 플라스틱은 초창기 플라스틱이 탄생했을 때와는 매우 다릅니다. 현재 사용하는 플라스틱은 1940년대 이후에 개발된 플라스틱입니다. 그 전에는 '카제인 플라스틱'이라는, 우유로 만든 플라스틱으로 제품과 장난감을 만들었죠. 바로 이 활동에서 그 우유 플라스틱을 만들어 봅니다.

⏱️ 활동 시간
20분
건조하는 데 이틀

⭐ 난이도
보통

 활동 순서

● 우유 데워서 응고시키기

1 작은 냄비 안에 우유 2컵을 붓습니다.

2 보호자 냄비를 가스레인지에 올립니다. 중약불에서 우유를 저으며 데웁니다.

3 보호자 김이 나기 시작하면 가스레인지를 끕니다. 식초 8작은술을 넣고 다시 저어줍니다.

4 바로 알갱이가 생기기 시작합니다. 1분간 더 저어줍니다.

5 보호자 싱크대 위에 체를 놓고 냄비의 내용물을 체에 모두 쏟아 줍니다.

6 주걱이나 숟가락으로 체에 있는 덩어리를 꾹꾹 눌러서 남아 있는 물기를 최대한 짜냅니다.

7 체에 있는 덩어리를 손으로 둥글게 뭉쳐 줍니다. 덩어리가 아직 뜨거

 화학 공학   화학반응

공학 활동 키워드
카제인 플라스틱
폴리머

 재료

➡️ 작은 냄비   ➡️ 가스레인지

➡️ 계량컵

➡️ 우유(유지방 1~2%인 우유가 가장 좋습니다)

➡️ 계량스푼(작은술)

➡️ 식초   ➡️ 체(거름망)

➡️ 키친타월   ➡️ 쿠키 틀

➡️ 밀대(선택사항)   ➡️ 사포(선택사항)

➡️ 아크릴 물감(선택사항)

➡️ 유성 마커(선택사항)

➡️ 코팅제(선택사항)

➡️ 맑은 날 야외

울 수 있으니 조심하세요!

8 키친타월을 깔고 그 위에 덩어리를 올립니다. 덩어리 위에 키친타월 두어 장을 더 올린 후에 납작하게 눌러 물기를 흡수합니다.

> ❗ 경고 가스레인지를 사용할 때는 반드시 어른이 함께 해야 합니다.

● 모양 만들어 굳히기

1 준비한 쿠키 틀에, 앞서 만든 덩어리를 조금씩 떼어 손가락으로 밀어 넣습니다. 또는 덩어리를 밀대로 밀고 그 위에 쿠키 틀로 모양을 찍는 방법도 있습니다.

2 평지에 이틀 정도 놓아두고 완전히 말립니다. 하루가 지난 후에 틀을 제거하면 말리는 시간을 단축할 수 있습니다.

3 물기가 완전히 날아가고 바싹 말랐나요? 그렇다면 우유 플라스틱 완성입니다! 완전히 굳은 다음에는 가장자리에 남은 자투리 조각들을 손톱이나 사포를 사용해서 제거해 주세요.

4 우유 플라스틱에 장식을 해도 좋습니다. 아크릴 물감이나 유성 마커를 사용하여 정교하게 그림을 그려 보세요. 코팅제를 뿌려서 광택이 나게 할 수도 있습니다.

> ☑ 왜 그럴까요?
>
> 우유에는 카제인이라는 단백질이 들어 있습니다. 데워진 우유에 식초를 넣으면, 카제인 분자들이 풀어져 긴 사슬을 형성합니다. 이것을 폴리머라고 하며, 굳지 않은 상태에서 틀에 넣어 모양을 만들 수 있습니다.

참고 카제인이란?

카제인은 우유에 들어 있는 주요 단백질 중 하나입니다. 일종의 인(P) 단백질로, 물에는 잘 녹지 않고 산성의 물질(대표적으로 식초나 레몬이 있습니다)을 만나면 응고됩니다. 커피나 치즈, 과자, 아이스크림 빵 등에 식품 첨가물로 많이 쓰여요.

참고 **폴리머란?**

폴리머(Polymer)는 기본 단위를 이루는 작은 분자인 단위체들이 반복적으로 결합되어 분자의 질량이 커진 고분자입니다. '폴리(Poly)'는 많다는 뜻이고, '머(mer)'는 기본 단위란 뜻입니다.

아이들이 가지고 놀기 편한 '폴리머클레이'라는 것이 있습니다. '클레이'라는 단어를 사용하지만 실제로는 클레이(진흙) 성분이 들어 있지는 않아요. 마치 고무찰흙처럼 말랑말랑해서 이리저리 모양을 만들 수 있습니다. 폴리머클레이의 주요 성분은 PVC라고 부르는 널리 사용되는 플라스틱 종류의 하나입니다. 폴리머클레이를 오븐에 높은 온도(100~110℃)로 구우면 단단한 플라스틱으로 거듭난답니다.

QR 코드를
스캔하면
관련 영상을
볼 수 있어요!

영상을 보면서 다시 한번,
우유 플라스틱을 만들어
보아요!

STEAM 연결고리

이 화학 공학 활동은 과학 **S**(화학)의 원리를 이용합니다. 재료의 양을 측정할 때에는 기술 **T**과 수학 **M**을 사용합니다. 플라스틱 모양을 만들고 장식할 때 예술 **A**의 요소도 사용합니다.

좀 다르게 해볼까요?

식초 대신 레몬즙을 사용해 보세요. 우유가 응고될 때 영향을 미칠까요?
우유 플라스틱이 굳은 후에 색을 칠하지 않고도 색을 입힐 수 있을까요? 활동을 시작할 때 우유에 식용 색소 몇 방울을 넣어 보세요.
우유 덩어리를 틀에 넣지 않고, 손바닥으로 작게 굴려서 구슬을 만들고, 이쑤시개로 구멍을 뚫어 말리면, 팔찌와 같은 액세서리 재료로 사용할 수 있습니다.

지구를 구하는 생분해 플라스틱

플라스틱은 우리의 삶을 편하게 만들었습니다. 가볍고 튼튼하며 다양한 형태로 가공이 가능하죠. 그러나 플라스틱이 완전히 썩으려면 짧게는 80년에서, 길게는 500년까지도 걸린다고 합니다. 우리가 버린 플라스틱 용기가 500년 뒤 인류에게 발견될 수도 있다는 말이죠! 지구의 환경과 자연은 한정적이고, 수용할 수 있는 쓰레기 역시 한정적입니다. 언젠가는 산과 바다에 나무와 바닷물보다 플라스틱 용기가 더 많을지도 몰라요!

그래서 사람들은 생분해 플라스틱을 개발하기 시작했습니다. 생분해 플라스틱은 흙이나 물속에서 미생물에 의해 물과 이산화탄소 또는 메탄가스로 분해되는 플라스틱을 말합니다. 대표적인 생분해 플라스틱은 PLA가 있는데요. 옥수수나 사탕수수 등에서 나오는 전분을 발효시켜 젖산을 만들고, 이를 결합해서 제조한 것입니다. PLA는 6개월 안에 생분해되고 유해 성분도 나오지 않는 장점이 있습니다.

가게나 음식점에 방문해서 생분해 플라스틱 용기에 담긴 물건을 찾아보세요. 미래의 지구를 위한 큰 발자국의 시작이 될 거예요!

피자박스 태양열 오븐

우리는 태양으로부터 빛 외에도 많은 것을 받고 있습니다. 태양은 에너지로 가득 차 있습니다! 태양에너지는 태양빛에서 발생하는 에너지로서, 열에너지로 사용되거나 전기에너지 형태로 변환시켜 사용됩니다. 우리는 이번 활동에서 태양에너지로 음식을 조리합니다.

활동 시간
20분
요리 시간은 여러분이 원하는 만큼!

난이도
보통

공학 활동 키워드
기계 공학   태양에너지
열에너지

재료

- 깨끗한 피자박스
- 자
- 연필
- 가위
- 알루미늄포일
- 테이프
- 양면테이프
- 검은색 두꺼운 종이
- 투명 랩
- 요리할 재료
  ('오븐에 요리 가열하기' 과정의 1번을 참고하세요. 스모어 또는 토르티야 재료를 준비하길 바랍니다.)
- 맑은 날 야외

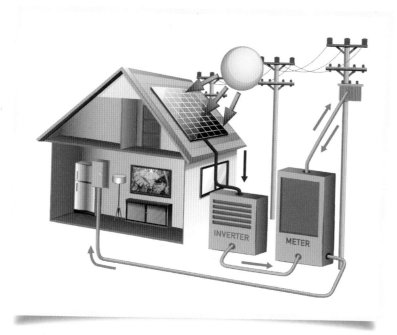

태양에너지는 전기에너지로 변환시켜 사용할 수도 있습니다.

 **활동 순서**

● **피자박스로 오븐 만들기**

1 피자박스의 뚜껑을 젖혀서 뚜껑의 안쪽 면에, 알루미늄포일의 광택이 나는 면이 보이도록 테이프로 붙입니다.

2 이번에는 피자박스 안쪽 바닥에, 포일의 광택 나는 면이 위(피자박스 뚜껑 쪽)를 향하도록 덮어서 테이프로 붙여 줍니다. 포일이 박스의 바닥 전체에 깔려야 합니다.

3 검은색 두꺼운 종이에 피자박스의 바닥의 네 변보다 5cm씩 짧은 길이로 사각형을 그린 후, 잘라 냅니다. 잘라낸 검은색 두꺼운 종이 뒷면에 양면테이프를 붙이고 피자박스 바닥 가운데에 붙입니다. 이렇게 피자박스 태양열 오븐이 완성되었습니다!

● **오븐에 요리 가열하기**

1 태양열 오븐에서 무엇을 요리할지 정했나요?
스모어를 만들면 어떨까요? 피자박스 바닥에 붙인 검은색 두꺼운 종이 위에 통밀 크래커, 초콜릿, 마시멜로를 겹겹이 얹어 줍니다.
아니면, 토르티야 칩에 슈레드 치즈를 뿌려 나초 요리를 만들 수도 있습니다.

2 요리를 넣고, 뚜껑을 연 상태에서 뚜껑을 제외한 피자박스 전체를 랩으로 씌워 테이프로 고정합니다.

3 볕이 잘 드는 곳에 피자박스 오븐을 두고, 포일로 감싼 뚜껑 안쪽에 햇빛이 반사되어 피자박스 안쪽을 향하도록 뚜껑의 위치를 조절합니다. 뚜껑이 열린 채로 고정되도록 연필을 세워 테이프로 붙입니다.

4 10분마다 오븐을 체크합니다.
음식이 완성됐으면 꺼내서 맛있게 먹어요!

☑ 왜 그럴까요?

이 활동에서 햇빛(태양에너지)은 열에너지로 변환되었습니다. 알루미늄포일이 태양 광선을 피자박스 안으로 반사시키면, 투명 랩은 온실처럼 피자박스 안에 열을 가두어 놓습니다. 검은 종이는 햇빛을 흡수하여 음식을 데우는 역할을 합니다.

STEAM 연결고리

이 기계 공학 활동은 에너지를 다룹니다. 즉, 과학 ⑤(물리학)을 사용한다는 것을 의미합니다. 여러분은 자와 가위라는 기술 ⑪ 뿐만 아니라 스스로 기술을 만들어냈습니다. 피자박스와 두꺼운 종이를 재단하면서 수학 ⑫도 사용하고 있습니다.

➕ 좀 다르게 해볼까요?

다른 색의 두꺼운 종이를 사용하면 태양열 오븐에 어떤 영향을 미칠까요?
태양열 오븐 안에 온도계를 놓고 온도를 측정해 보세요.
태양열 오븐 안에서 안 쓰는 크레용을 녹여 보세요.

숟가락 투석기

투석기는 중세시대, 전쟁에 주로 사용되던 무기입니다. 병사들은 성벽을 무너뜨리기 위해 투석기를 이용해서 바위나 돌 같은 것들을 성벽을 향해 날리거나 성벽 너머로 던지기도 했습니다. 이번 활동에서는 플라스틱 숟가락으로 나만의 작은 투석기를 만들어 봅니다.

20분
활동 시간

보통
난이도

기계 공학	투석기

위치에너지

운동에너지

공학 활동
키워드

활동 순서

● 투석기 만들기

1 나무 막대 5개를 겹쳐서 고무줄로 양 끝을 동여맵니다.

2 남은 나무 막대 2개를 겹쳐서 이번에는 고무줄로 아래쪽 끝만 동여맵니다.

3 2번에서 만든 나무 막대 묶음의 동여매지 않은 위쪽을 조심스럽게 벌리고, 1번에서 만든 나무 막대 5개 묶음을 그 사이에 끼워 십자가 모양을 만듭니다.

재료

● 나무 막대 7개
  (납작한 것으로 준비해 주세요)

● 작은 고무줄 몇 개

● 플라스틱 숟가락

● 알이 작은 마시멜로
  여러 알

4 나무 막대 2개 묶음 위에 플라스틱 숟가락을, 손잡이가 아래로 가게, 벌어진 입구 쪽에는 숟가락 머리가 오게 겹쳐 놓고 고무줄로 함께 동여맵니다.

5 나무 막대들이 교차하는 곳에 십자 모양으로 고무줄을 매주면 투석기 완성입니다.

● **투석기 시험하기**

1 투석기를 평평한 곳에 놓고, 한 손으로 십자 모양 나무 막대 묶음('투석기 만들기'에서 고무줄로 동여맨 나무 막대 묶음)을 잡은 채, 숟가락을 뒤로 당겼다가 한 번에 튕기듯 놓습니다.

2 투석기가 제대로 튕겨지지 않으면, 아래('투석기 만들기'에서 2번 단계에 고무줄을 동여맨 부분)에 고무줄 하나를 더 매거나 고무줄이 탱탱해지도록 한 번 더 감아 보세요.

3 투석기가 제대로 작동하면, 미니 마시멜로를 날려 보세요. 얼마나 멀리 튕겨 나가나요?

> ☑ **왜 그럴까요?**
>
> 숟가락을 뒤로 당기면 나무 막대와 숟가락을 동여맨 고무줄의 위치에너지가 증가합니다. 숟가락을 놓으면 숟가락이 제자리로 튕겨 나가고 위치에너지가 운동에너지로 바뀌면서 그 위에 있던 물체가 공중으로 날아가게 됩니다.

STEAM 연결고리

이 기계 공학 활동에서, 여러분은 위치에너지와 운동에너지라는 과학 **S** 의 원리를 사용하고 있습니다. 여러분은 이 과학 지식으로 투석기라는 기계를 만들어서 새로운 기술 **T** 을 창조한 것입니다. 또한 나무 막대를 세면서 기본적인 수학 **M** 을 사용하고 있습니다.

➕ 좀 다르게 해볼까요?

'투석기 만들기'의 1번 단계에서 나무 막대를 5개가 아닌, 3개만 사용해 보세요. 투석기에 어떤 영향을 미칠까요? 7개를 사용하면 어떨까요?
십자가 모양으로 겹친 나무 막대 묶음의 겹쳐진 위치를 옮기면 어떻게 될까요? 투석기의 성능이 어떻게 달라질까요?

여기서 잠깐! 알아두면 쓸모 있는
지식 모아보기

투석기는 언제 발명되었을까요?

무거운 돌이나 바위를 높이 던져 공격하는 투석기. 튼튼한 벽도 단숨에 부술 수 있는 위력이 있는 투석기는 아주 오랜 시간 전부터 인류가 무기로 사용했습니다. 정확히 언제부터라고 기록되어 있지는 않지만, 우리나라를 포함한 동아시아에서는 기원전 4~5세기 중국 춘추전국시대부터 사용한 기록이 있습니다. 서양에서는 고대 그리스 시절부터 투석기를 사용했다고 보고 있습니다.

마르코 폴로의 《동방견문록》에는 1298년경, 다음과 같이 투석기를 목격한 대목이 나와있습니다.

"첫 번째 돌이 엄청난 무게와 힘으로 건물 위로 떨어져, 상당 부분이 파괴되었다."

이번 공학 활동으로 만들어 본 투석기가 사실은 정말 오래전부터 사용되던 것이라니 신기하지요?

낙하산 놀이

혹시 비행기에서 낙하하는 스카이다이버들을 본 적 있나요? TV나 영화에서 스카이다이빙하는 모습은요? 스카이다이버들이 낙하할 때 공중에서 펼쳐지는 알록달록한 낙하산들은 정말 장관입니다. 이 간단한 활동이자 놀이로 우리는 낙하산이 어떻게 작동하는지를 알 수 있습니다.

 활동 순서

의자에 올라서서 피규어를 떨어트려 보고, 얼마나 빨리 땅에 떨어지는지 관찰합니다. 피규어에게는 낙하산이 필요할 거예요!

● 낙하산 만들기

1 커피 필터지를 펼쳐서 색연필이나 사인펜으로 꾸며줍니다. 이 커피 필터지가 낙하산이 될 거예요.

2 장식한 면이 밖으로 나오게 두고, 필터지를 반으로 접습니다. 접은 선의 양 끝에서 7mm 정도 안쪽에 작게 구멍을 냅니다.

3 30cm로 실을 잘라 두 개 준비합니다.

4 2번에서 낸 두 구멍에 각각 실을 묶어 줍니다.

5 실 2개의 반대쪽 끝을 피규어에 묶어 줍니다(테이프를 사용해서 실과 피규어를 붙여도 좋습니다).

 10분
활동 시간

 쉬움
난이도

공학 활동 키워드 | 기계 공학　중력
공기저항　항력

 재료

➡ 의자

➡ 작은 피규어 장난감
(병사, 사람 모양 블록, 동물 등)

➡ 커피 필터지
(끝이 뾰족한 꼬깔 모양이 아닌, 바닥이 납작한 커피 필터지로 준비해 주세요)
혹은 종이 머핀컵

➡ 색연필이나 사인펜

➡ 가위

➡ 실

➡ 테이프(선택사항)

● 낙하 시험하기

1 의자 위에 올라서서, 낙하산을 최대한 높이 들었다가 떨어뜨려 봐요.
낙하산과 피규어는 어떻게 떨어지나요?

2 낙하산이 피규어가 떨어지는 속도를 늦춰 주나요?

☑ 왜 그럴까요?

중력은 물체를 바닥으로 즉, 아래로 끌어당깁니다. 반면에 낙하산은 피규어의
무게보다 큰 공기저항(air resistance)을 만들어냅니다. 이 공기저항(항력)은 피규
어가 떨어질 때 속도를 늦추는 역할을 합니다.

🔬 STEAM 연결고리

이 간단한 기계 공학 활동에서, 여러분은 중력과 항력이라는 과학 ⑤ 을 사용합
니다. 또한 여러분은 실을 자를 때 가위라는 기술 ⓣ 을 사용했고, 낙하산을 꾸밀
때 예술 ⓐ 을 경험했습니다.

➕ 좀 다르게 해볼까요?

낙하산을 작게 만들면 어떻게 되나요? 컵케이크 종이틀이나, 커피 필터지를
작게 잘라서 작은 낙하산을 만들어 보세요.
낙하산의 줄을 길게 만들면 어떻게 될까요? 실의 길이를 두 배로 늘려보고
어떻게 되는지 관찰하세요.

직업의 모든 것: 스카이다이버가 되고 싶다면?

비행기를 타고 하늘 위로 올라가 낙하산을 매고 자유 낙하하는 스카이다이버. 스카이다이버를 꿈꾸는 용감한 친구들이 있나요? 스카이다이버가 되려면 무엇을 배워야 할까요?

스카이다이빙은 아주 높은 하늘에서 자유 낙하하기 때문에 매우 위험합니다. 하늘에서의 모든 행동은 우리의 생명과 직결되어 있으므로 아주 단단히 준비해야겠죠? 때문에 전문 스카이다이버가 되려면 매우 까다로운 교육 과정을 밟아야 해요.

일반적으로 스카이다이버가 되기 위해선 세계에서 가장 큰 낙하산 협회인 USPA(United States Parachute Association, 미국 낙하산 협회) 기준으로 총 25번의 점프(비행기를 타고 하늘로 올라가 자유 낙하하는 걸 말해요)를 해야 자격증(라이센스)을 받을 수 있습니다. 이 자격 없이는 혼자서 스카이다이빙할 수 없어요. 자격이 없다면 반드시 교관이나 코치와 함께 뛰어야만 합니다.

자격증을 취득하는 교육 과정은 지상 이론 교육부터 고도별 점프 실습, 다른 스카이다이버들과 스카이다이빙할 때 필요한 스킬을 배우는 실습 등으로 이루어져 있습니다. 아주 높은 곳에서 이뤄지는 실습이기 때문에 체력 소모도 매우 심하다고 해요.

자격증을 취득했다 할지라도, 전문 스카이다이버가 되기 까지는 최소 100회 이상의 스카이다이빙 경험이 있어야 한다고 합니다. 용기와 체력, 모두를 갖춰야 가능하겠죠?

28

신박한 풍속계

⚠️ 어린이 혼자 하면 위험해요. 어른과 함께 실험해 보아요!

교과 연계: [과학] 5학년 2학기 3단원 날씨와 우리 생활

바람이 많이 부는 날, 밖에 나가면 어떤가요? 바람은 여러분이 쓰고 있는 모자를 벗기거나 우산을 뒤집을 정도로 강합니다. 심지어는 바람이 큰 터빈*을 돌려서 전기를 생산할 수도 있습니다! 이번 활동에서는 풍속계(anemometer)를 만들어 바람의 속도(speed)를 측정합니다.

활동 시간 **20분**

난이도 보통

공학 활동 키워드
기계 공학 　 속도
풍속(바람의 속도)
RPM

활동 순서

● 풍속계 만들기

1 골판지 2장을 4cm × 30cm 크기의 직사각형 모양으로 길게 자릅니다.

2 두 골판지를 십자 모양으로 겹쳐서 겹친 부분에 스테이플러를 찍어 고정합니다. 이때, 겹친 부분의 정중앙은 비워 둡니다.

3 종이컵 하나를 컬러 테이프로 장식합니다.

4 3번에서 장식한 종이컵을 포함한 종이컵 4개를 옆으로 눕혀서 십자 골판지 네 끝에 스테이플러로 고정합니다. 컵들이 원을 따라 모두 같은 방향을 향하도록(예를 들어, 시계방향으로 혹은 반시계방향으로 컵 입구가 가도록) 합니다.

재료

➡ 가위　　➡ 칼
➡ 골판지　➡ 자
➡ 스테이플러
➡ 종이컵 4개
➡ 컬러 테이프
➡ 뚜껑이 있는 플라스틱 용기
　 (뚜껑까지 플라스틱 소재여야 합니다)
➡ 끝에 지우개가 달린 연필
➡ 압정
➡ 타이머

* **터빈(TURBINE)**은 물, 가스, 증기 등의 흐르는 유체가 가지는 에너지를 유용한 기계적 일로 변환시키는 기계로, 회전 운동을 하는 것이 특징입니다. 유체의 운동에너지를 회전 운동으로 바꾸어 동력을 얻습니다.

5 **보호자** 칼이나 가위 끝으로 플라스틱 용기 뚜껑 중앙에 구멍을 냅니다.

6 구멍에 가위를 넣고 돌려가며 구멍의 크기를 연필의 굵기보다 조금 더 크게 만듭니다.

7 용기 뚜껑을 닫고, 연필에 달린 지우개가 위로 오도록 연필을 구멍 안으로 밀어 넣습니다.

8 지우개 위에 십자 골판지를 올리고, 중심에 압정을 꽂아 고정합니다!

9 풍속계가 만들어졌습니다. 밖에 나가 풍속을 측정해 볼까요?

> **경고** 칼과 압정은 매우 날카로우니 사용할 때 조심하세요.

● 풍속계 시험하기

1 풍속계를 테이블 위에 놓습니다. 타이머를 1분으로 설정하고, 장식된 컵이 몇 번 돌아가는지 세어 보세요. 공학자들은 이것을 분당 회전수(RPM, Revolutions Per Minute)라고 부릅니다. 바람이 너무 세면 용기가 날아갈 수도 있습니다. 자갈 몇 개를 용기에 넣어 두면 날아가지 않습니다.

☑ 왜 그럴까요?

바람이 풍속계의 컵을 밀게 되면, 용기에 꽂힌 연필이 회전하게 됩니다. 컵의 회전 속도는 분당 회전수(RPM)로 측정할 수 있습니다. 풍속이 빨라지면 당연히 RPM이 올라가겠죠?

STEAM 연결고리

이 기계 공학 활동에서는 STEAM의 모든 요소를 사용합니다. 풍속 관찰은 날씨를 연구하는 과학자가 하는 일입니다. 여러분은 풍속계를 만들기 위해 기술 **T**을 사용하고 있을 뿐만 아니라, 풍속계 자체도 기술의 한 형태입니다. 종이컵을 장식할 때는 예술 **A**을 경험했고, 컵이 도는 시간을 재고 결과를 기록하면서 수학 **M**을 사용합니다.

➕ 좀 다르게 해볼까요?

일주일 동안 풍속계로 매일, 풍속을 측정하고 결과를 기록합니다.
선풍기로부터 1~2m 앞에 풍속계를 두고, 선풍기의 속도를 저속으로 그리고 고속으로 했을 때 풍속계가 어떻게 달라지는지 시험해 봅니다.

여기서 잠깐! 알아두면 쓸모 있는
지식 모아보기

어마 무시한 바람, 태풍의 모든 것!

여름과 가을 사이, 일기예보를 보면 늘 등장하는 것이 있죠. 바로 태풍입니다. 태풍은 북태평양 서쪽의 적도 근처 바다에서 발생하는 열대 저기압 중에서 최대 풍속이 초당 17m 이상인 것을 말합니다. 태풍은 남쪽 바다 한복판에서 발생하지만, 바람을 타고 고위도로 이동하면서 주변 여러 나라에 피해를 줍니다. 태풍은 강한 바람과 많은 양의 비를 동반하는데, 섬에 부딪히거나 육지에 상륙하면서 바다에서처럼 많은 수증기를 공급받지 못하고 점점 힘이 빠져 소멸된답니다.

참고로 태풍의 이름은 2000년부터 여러 나라에서 각각 10개씩 제출한 140개의 이름을 순서대로 사용하고 있습니다. 태풍이 우리에게 미치는 피해가 작기를 바라는 마음으로, 각 나라들은 약하거나 부드러운 느낌으로 이름을 지었답니다. 예를 들어, 우리나라가 지어 제출한 이름들은 나리, 장미, 노루, 나비 등이 있죠.

29

물레방아

⚠️ 어린이 혼자 하면 위험해요. 어른과 함께 실험해 보아요!

여러분, 혹시 물레방아를 본 적이 있나요? 물레방아가 있는 곳을 물레방앗간이라고 합니다. 옛날 옛적에, 물레방아는 밀가루 같은 것들을 갈아주는 제분소나 방앗간에서 사용했습니다. 물레방아는 전기를 발생시킬 때도 사용됩니다. 이 활동에서는 물레방아가 어떻게 작동하는지 알아봅니다.

✂️ 활동 순서

● 물레방아 만들기

1. 나무 꼬치를 이용해 종이접시 2개의 중앙에 각각 구멍을 뚫습니다.

2. 접시 하나를 바닥에 뒤집어 놓고, 그 위에 플라스틱컵들을 접시를 따라 둥글게 배열합니다. 컵의 입구가 모두 접시 바깥 가장자리 쪽으로 오게 하고, 같은 간격으로 배치합니다.

3. 테이프로 컵들을 접시에 붙입니다.

4. 나무 꼬치를 1번에서 뚫은 종이접시 구멍에 밀어 넣습니다.

5. 컵들을 사이에 두고 다른 종이접시를 4번에서 꼬치에 꽂은 접시의 맞은편에 평행하게 꽂습니다.

⏱️ **15분**
활동 시간

⭐ **보통**
난이도

 공학 활동 키워드
기계 공학 중력
수력

🧰 **재료**

➡ 나무 꼬치

➡ 두꺼운 종이접시 2개

➡ 작은 플라스틱컵(90ml 용량) 6개

➡ 강력 테이프

제가 공학자로 근무하면서 가장 좋았던 일은, 신시내티(Cincinnati)의 전력량과 맞먹을 만큼, 많은 전력을 생산하는 큰 증기 터빈에 새로운 컴퓨터 제어 장치를 설치하는 작업이었습니다. 이 터빈의 컴퓨터는 너무 낡아서 고장이 나기 시작했습니다. 엔지니어링팀(독자적으로 일하는 공학자는 거의 없습니다) 안에서 저는 어떤 컴퓨터를 설치해야 하는지 조사하고, 새 컴퓨터가 터빈에 적합한지 확인하기 위해 측정 작업을 하고, 설치공들에게 모든 선의 연결 방법을 보여주기 위해 대형 도면을 만들었습니다. 우리는 컴퓨터 스크린을 읽기 쉽게 함으로써 플랜트를 안전하게 유지하는 데 도움이 되도록 증기 플랜트 운영자들과도 협업했습니다.

—전기 공학자, 존 그루브, 듀크에너지 사의 중서부 엔지니어링 그룹

6 테이프를 작게 잘라서, 두 번째 접시와 컵들을 붙이면 물레방아가 완성됩니다.

> ⚠ 경고 나무 꼬치 끝은 매우 날카로울 수 있습니다. 반드시 어른과 함께 활동해야 합니다.

● 물레방아 시험하기

1 물레방아를 욕조나 싱크대 속에 놓고, 천천히 물이 나오도록 수도를 틉니다.

2 나무 꼬치 양쪽을 잡고, 물레방아 속 한 컵에 물을 채웁니다. 그다음 어떻게 되는지 관찰해 보세요!

☑ 왜 그럴까요?

물레방아의 위쪽 컵에 물이 차게 되면, 그 무게로 인해 컵이 아래로 내려가고 물레방아가 축(꼬치)을 중심으로 회전합니다. 이제 다음 컵에 물이 채워지고, 내려간 컵의 물은 중력에 의해 쏟아지게 됩니다. 위에서 수돗물이 계속 채워지는 한 이러한 움직임은 계속 반복됩니다.

☆ STEAM 연결고리

물레방아를 만드는 것은 과학 ⑤ 을 사용하는 것입니다. 물레방아 자체도 기술 ⑦의 한 형태입니다. 또한 컵의 개수를 세어 접시 위에 고르게 배치할 때는 기본적인 수학 ⑩ 을 사용합니다.

➕ 좀 다르게 해볼까요?

수돗물을 더 세게 틀면 어떻게 되나요?
물을 위에서 받지 않고 옆에서 받으려면 디자인을 어떻게 바꿔야 할까요?

클립 헬리콥터

헬리콥터가 날 수 있는 것은, 프로펠러가 빠르게 회전하면서 물체를 들어 올릴 수 있는 양력*(lift)을 만들어내기 때문입니다. 이 활동에서 여러분은 직접 헬리콥터를 만들어 봅니다. 물론 여러분의 헬리콥터에는 위로 날 수 있을 만큼 빠르게 회전하는 모터는 없지만, 날개가 회전하는 원리를 배울 수 있는 좋은 기회가 될 것입니다.

 15분
활동 시간

 보통
난이도

공학 활동 키워드

| 기계 공학 | 중력 |
| 양력 | 공기저항 |

 재료

➡ 자
➡ 연필
➡ 두꺼운 종이
➡ 가위
➡ 클립
➡ 유성 마커 (선택사항)

 ## 활동 순서

● 헬리콥터 만들기

1 두꺼운 종이에 자를 대고 5 × 20cm 크기의 직사각형을 그립니다.

2 직사각형을 잘라냅니다.

3 직사각형의 긴 면의 한쪽 끝에서 7.5cm 되는 곳을 접었다가 펼칩니다.

4 접힌 선의 중심에서 직사각형의 짧은 면 방향으로 수직선을 그린 후, 선을 따라 자릅니다. 이게 바로 헬리콥터의 프로펠러 역할을 할 거예요.

5 이제 직사각형의 긴 면의 다른 반대쪽 끝(a)에서 7.5cm 되는 곳에 긴

---

* **양력**은 항공기를 공중에 띄우는 힘처럼 무언가를 공중에 띄우는 힘을 말합니다. 날개형 항공기나 날개가 있는 미사일에 작용하며, 일반적으로 중력에 대하여 정반대로 작용하는 힘입니다.

면과 수직이 되도록 수직선을 그립니다.

6 이 선의 양쪽 끝으로부터 각각 0.7mm 되는 곳을 표시하고 가위로 잘라줍니다.

7 이 잘린 곳에서 (a) 끝까지를 각각 길게 안쪽으로 접어줍니다.

8 7번에서 접은 영역 중 짧은 면 부분의 1.2cm 가량을 위로 접어서 클립으로 고정합니다.

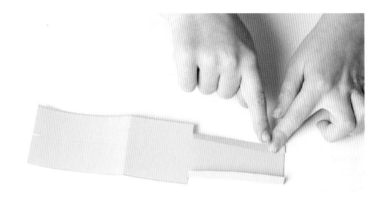

9 클립이 아래로 향하도록 헬리콥터를 잡고, 위쪽에 2개로 갈라 놓은 프로펠러(4번에서 자른 바로 그 부분!)를 서로 반대 방향으로 접어줍니다.

10 헬리콥터를 멋지게 꾸미고 싶다면 지금 하는 것이 좋습니다. 마커를 가지고 접혀진 프로펠러 2개를 색칠합니다.

● 헬리콥터 시험하기

1 클립이 아래쪽을 향하게 하고, 헬리콥터를 머리 위로 높이 들었다가 떨어뜨려 보세요.

2 종이 헬리콥터가 빙글빙글 돌면서 지상으로 부드럽게 착륙하면 성공입니다.

QR 코드를 스캔하면 관련 영상을 볼 수 있어요!

다른 방법으로도 종이 헬리콥터를 만들어 보아요.

☑ 왜 그럴까요?

헬리콥터에는 여러 가지 힘이 작용합니다. 가장 크게 작용하는 힘은 헬리콥터를 아래로 끌어당겨 추락시키려는 중력입니다. 헬리콥터는 중력의 힘으로 추락과 동시에 공기의 저항을 받게 됩니다. 공기는 양쪽 프로펠러를 같은 힘으로 밀어냅니다. 두 날개는 서로 반대쪽을 향하고 있기 때문에 밀어내는 힘에 의해 회전하게 됩니다. 이 회전에 의해 위로 올라가려는 양력이 발생하여 헬리콥터의 추락 속도를 늦추게 됩니다.

🔬 STEAM 연결고리

이 기계 공학 활동은 STEAM의 모든 요소를 사용합니다. 힘의 원리에 대한 과학 **S** 을 다루고, 헬리콥터를 제작할 때 기술(가위) **T** 을 사용합니다. 날개를 장식하면서 예술 **A** 을 경험하고, 종이를 측정할 때 수학 **M** 을 사용합니다.

➕ 좀 다르게 해볼까요?

헬리콥터가 어느 쪽으로 회전하는지 관찰하고 나서, 프로펠러 날개들을 반대 방향으로 접어 보세요. 이제 어떻게 될까요?
날개의 크기를 다르게 해서 시험해 보세요. 날개를 더 길게 하면 어떻게 되나요? 또는 날개가 더 크면요?

직업의 모든 것: 미래는 드론 시대

빠른 속도로 공중을 떠다니는 드론은 더 이상 낯선 존재가 아닙니다. 여러분이 갖고 노는 작은 크기의 장난감 드론부터, 자연의 멋진 풍경을 담는 카메라가 달린 드론까지. 드론은 이미 우리 삶에 깊숙하게 들어왔습니다.

드론은 처음에 군사적 목적으로 개발되어 주변을 정찰하거나 감시하는 데 사용되었습니다. 이후 우리가 갖고 노는 장난감 드론처럼 여가 활동용으로 인기를 끌면서 사람들에게 널리 퍼졌습니다. 각종 기술이 개발되면서 드론에도 많은 장치를 부착할 수 있게 되었는데요. 가장 대표적인 것이 카메라입니다. 드론에 카메라를 안정적으로 부착하면서 비전문가도 고해상도로 항공 영상 및 사진을 촬영할 수 있게 되었죠. 또한 드론은 넓은 농토에 농약을 살포하는 데 활용되기도 하고, 해외 몇몇의 국가에선 드론으로 택배를 배송하기도 합니다.

드론은 지금 이 순간에도 발전을 거듭하고 있습니다. 해외에서는 자율 운행 드론 택시를 개발해 시범 운영 중이라고 합니다. 바야흐로 드론 시대, 드론과 관련된 꿈을 가져보는 건 어떨까요? 드론을 개발하는 드론 개발자부터, 드론을 이용해 멋진 풍경을 담는 드론 촬영기사, 고장 난 드론을 고치는 드론 정비사까지. 드론이 우리에게 제시할 다양한 미래에 대해 생각하는 시간을 가져봅시다.

고무줄 경주용 차

교과 연계: [실과] 5학년 5단원 수송 기술과 우리 생활

여러분은 뒤로 당겼다가 놓으면 앞으로 튕겨 나가는 장난감 차를 갖고 놀아 본 적이 있을 거예요. 이 활동에서는 고무줄 경주용 차를 만들고, 이와 관련 된 물리학의 원리를 탐구합니다.

활동 시간 **30**분

난이도 **어려움**

공학 활동 키워드 | 기계 공학　위치에너지
운동에너지　탄성

활동 순서

● 자동차 몸체와 차축 만들기

1 차체가 될 키친타월 휴지심의 한쪽 구멍 끝(a)에서 반대쪽 구멍 끝(b) 까지, 자와 연필을 사용하여 직선을 그려줍니다.

2 휴지심의 (a) 끝에 홀 펀치를 최대한 집어넣어서, 1번에서 그린 선 위 로 구멍을 뚫고, (b) 끝에도 똑같이 구멍을 뚫습니다.

3 1번에서 그린 직선의 180도 반대편에도 직선을 하나 더 그리고, 다시 홀 펀치로 양쪽 끝에 구멍을 뚫습니다.

4 2개의 막대를 양쪽에 난 각 2개의 구멍에 밀어 넣습니다. 이게 바로 차축이랍니다. 차축은 서로 평행해야 합니다(바닥에서 떠 있는 바퀴가 있으면 안 되겠죠?). 평행하지 않거나 잘못됐으면 휴지심을 돌려, 다른 위치에서 다시 하세요.

5 자동차를 꾸밀 차례입니다. 휴지심에 꽂은 차축을 잠시 꺼내 놓고 컬 러 테이프나 마커 또는 스티커로 화려하게 장식합니다.

재료

- 자　　　 연필
- 키친타월 휴지심
- 홀 펀치(구멍 뚫는 기구)
- 15cm 정도 되는 긴 막대 2개
- 안 쓰는 CD 4개
- 마스킹 테이프
- 고무줄 여러 개
- 클립
- 강력 컬러 테이프(선택사항)
- 유성 마커(선택사항)
- 스티커(선택사항)

● 자동차 바퀴 끼우기

1 다시 차축을 끼우고 차축 끝에 끼울 CD(바로 CD가 바퀴 역할을 한답니다!)가 미끄러지지 않도록 마스킹 테이프를 차축의 양 끝에 약 2~3cm 정도 두께로 감아줍니다. 테이프를 얼마나 세게 감는지에 따라 다르겠지만 약 60~90cm만큼의 테이프가 필요합니다.

2 이제 마스킹 테이프가 감긴 차축 막대 위로 CD를 끼워 넣습니다. CD를 끼웠을 때 아직도 헐렁하다면 테이프를 조금 더 감아서 꽉 끼워지도록 합니다. 나머지 3개도 이 과정을 반복합니다.

● 고무줄로 엔진 만들기

1 이제 고무줄로 엔진을 만듭니다.
같은 크기의 고무줄 5개를 서로 걸어서 체인을 만듭니다. 약 5cm 길이의 얇은 고무줄이 가장 효과적입니다. 헷갈린다면 사진을 보고 따라 하세요.

2 고무줄 체인 끝에 클립 하나를 끼웁니다.

3 1~2번에서 만든 고무줄 체인을 뒷바퀴 차축에 감아줍니다. 이때, 휴지심 안에 있는 차축에 감아야 합니다. 고무줄 체인을 감은 후에 고무줄 체인 끝에 있는 클립을 체인의 가장 끝 고무줄에 끼어서 잡아당기면 체인이 차축에 단단하게 고정됩니다. 테이프를 이용해 고무줄을 차축에 더 단단하게 고정시켜도 좋습니다.

4 고무줄 체인이 고정된 채로, 클립 끝을 휴지심 안(앞바퀴 차축 방향으로)으로 늘어뜨립니다. 이때 고무줄 체인이 너무 길어서 휴지심 밖으로 삐져나오면, 고무줄 하나를 빼고 다시 하세요. 클립을 휴지심에 끼워 고정합니다. 이때 고무줄이 앞 차축에 닿지 않도록 합니다.

● 주행 시험하기

1 차의 고무줄 엔진을 감아 차를 굴리기 위해, 뒷바퀴 차축(고무줄 체인이 감겨져 있는 차축)을 돌려서 고무줄을 감습니다. 이때, 차축이 회전하지 않으면 반대 방향으로 돌려 봅니다.

2 뒷바퀴 차축이 움직이지 않게 꽉 잡은 상태로 평지에 차를 대기시키세요. 평지에 차를 두면 차가 앞으로 출발합니다. 자세히 관찰합니다. 어떤 것을 시도했을 때, 무엇이 효과가 있고 무엇이 효과가 없는지 알아내는 것은 공학에서 중요한 부분이라는 사실을 잊지 마세요. 바퀴가 불안정하면 차는 멀리 가지 못할 것입니다. 차를 제대로 달리게 하려면 이곳저곳을 고쳐야 할 수도 있어요.

3 바퀴가 잘 도는데도 차가 움직이지 않으면, 바퀴가 지면에서 떠 있는 상태일 수도 있습니다. 다른 바닥에서도 해 보세요.

☑ 왜 그럴까요?

고무줄을 차축에 감는 것은 차에 위치에너지를 주기 위해서입니다. 많이 감을수록 위치에너지도 커집니다. 차축과 차에서 손을 떼는 순간, 고무줄이 풀리면서 위치에너지가 운동에너지로 바뀌어 뒷바퀴 차축이 회전하게 됩니다. 차축이 회전하면 바퀴가 움직이게 되고, 차는 앞으로 굴러가게 됩니다.

🔧 STEAM 연결고리

이 기계 공학 활동에서는 STEAM의 모든 요소들을 사용합니다. 위치에너지와 운동에너지를 다룰 때 과학 **S** 을 사용하고, 홀 펀치, 자, 고무줄이라는 기술 **T** 을 사용합니다. 마커나 스티커로 자동차를 꾸밀 때 예술 **A** 을 가미하고, 고무줄의 길이를 맞출 때는 수학 **M** 을 사용합니다.

좀 다르게 해볼까요?

더 두꺼운 고무줄을 사용하면 어떻게 될까요? 차가 굴러가는 거리에 영향을 미칠까요?

고무줄 체인의 개수를 줄이거나 더하면 어떻게 될까요?

친구나 가족에게도 자동차를 만들게 해서 함께 경주를 해보세요. 누구의 차가 가장 멀리 가나요? 그 이유를 알아낼 수 있나요?

여기서 잠깐! 알아두면 쓸모 있는
지식 모아보기

직업의 모든 것: 카레이서

여러분은 카레이싱 중계를 본 적이 있나요? 카레이싱은 일정한 코스를 정해놓고 여러 대의 자동차가 경쟁하여 속도를 다투는 경기, 즉 자동차 경주대회입니다. 그리고 카레이서는 바로 이러한 자동차 경주대회에서 경주용 차량을 운전하는 선수입니다. 카레이서는 단순히 운전만 하는 것이 아닙니다. 경기일정에 따라 미리 자동차 경주장의 상태를 파악하고, 상대팀의 경기력 등 자료를 수집 및 분석하여 전략을 세우지요. 평소에는 운동으로 근력과 지구력을 키우고, 주행연습을 합니다.

우리나라에서 카레이서로 활동하려면 한국자동차경주협회(KARA)에서 부여하는 라이선스가 필요합니다. 라이선스는 여러 단계로 나눠져 있는데, 가장 아래급인 카트 국내 C 라이선스를 발급받으려면 KARA가 진행하는 교육을 수료하거나 KARA에 등록된 카트팀에서 교육을 받으면 됩니다.

QR 코드를 스캔하면 관련 영상을 볼 수 있어요!

EBS 극한직업 카레이서편

구슬 롤러코스터

⚠️ 어린이 혼자 하면 위험해요. 어른과 함께 실험해 보아요!

놀이기구 중에서 롤러코스터를 타본 적 있나요? 롤러코스터는 높은 곳에서 아찔하게 떨어지면서 출발합니다. 여러 개의 작은 언덕을 지나고 원형의 트랙을 돌며 360도 돌기도 합니다. 이 신나는 롤러코스터에는 재미있는 물리학의 원리들이 숨겨져 있습니다. 이번 활동을 통해 직접 롤러코스터를 디자인하고 제작해 봅니다.

활동 순서

● 롤러코스터 선로 만들기

1. 백업 스펀지 막대를 길게 반으로 갈라서(막대를 세워 위에서 봤을 때 반원 모양이 되도록) 2개의 긴 선로를 만듭니다.

2. 선로 하나를 의자나 테이블 또는 주방 카운터의 뒤편에 강력 테이프로 붙여서, 높은 곳에서 출발하는 경사면으로 만듭니다.

3. 선로의 아래쪽 끝에 종이컵을 놓습니다.

4. 언덕 출발 지점에서 선로의 파여진 홈으로 구슬을 굴려 컵에 들어가는지 시험해 봅니다. 선로를 벗어나지 않도록 조정합니다.

5. 이제 재미있는 구간을 만들 것입니다!

---

* 우리나라에서는 만들기용으로 많이 쓰입니다. 원래의 용도는 수영할 때 뜨기 위해 사용하는 발포 고무로 만든 긴 튜브로 '풀 누들(POOL NOODLE)'이라고 합니다.

⏱ 1시간
활동 시간

★ 보통
난이도

공학 활동 키워드

기계 공학	위치에너지
운동에너지	구심력
속도	

재료

➡ 가위

➡ 백업 스펀지 막대*
(가능하면 지름이 큰 것으로 준비하고 반으로 잘랐을 때, 가운데 홈이 있어야 합니다)

➡ 강력 테이프

➡ 테이블, 의자 또는 주방 조리대

➡ 종이컵

➡ 작은 구슬들

컵은 치워 두고, 다른 선로를 강력 테이프로 붙여서 연결합니다. 이때 두 선로의 연결 부분이 매끄러워야 합니다. 구슬이 테이프에 걸리면 선로를 이탈할 수도 있으니까요.

6 새로 연결한 선로 구간에 작은 언덕이나 둔덕을 만들어 보세요. 구슬이 테이프에 걸리지 않도록 바닥에 잘 붙여 고정합니다. 또는 새 선로를 완전히 구부려서 원형을 만들 수도 있는데, 이때는 강력 테이프로 원형 안쪽 부분을 붙여주세요. 그리고 강력 테이프로 선로를 바닥에 고정합니다. 테이프를 붙일 때 누군가 선로를 잡아주면 쉽습니다.

● 선로 시험하고 조정하기

1 선로의 맨 끝에 구슬이 들어갈 종이컵을 놓습니다.

2 언덕에서 구슬을 떨어트려 선로를 시험해 봅니다.

3 구슬이 선로를 이탈하는지 확인합니다. 구슬이 계속 떨어지면 테이프를 떼고 선로를 다시 조정합니다.

> ⚠ 경고 아이들이 구슬을 삼키면 질식할 위험이 있습니다. 활동 후에는 안전하게 모두 치우길 바랍니다.

☑ 왜 그럴까요?

실제 롤러코스터와 마찬가지로, 구슬은 언덕 꼭대기에 있을 때 위치에너지를 가지고 있습니다. 위치에너지는 방출되는 순간 운동에너지로 바뀌어, 구슬이 언덕 아래로 빠르게 굴러 내려갑니다. 구슬은 선로를 따라 구르면서 속도와 운동량(momentum)을 얻게 되어 오르막길을 올라갈 수 있게 됩니다. 구슬이 원형 구간까지 왔을 때 운동량이 남아 있으면, 구슬을 잡아당기는 구심력(centripetal force)에 의해 원형 경로를 이탈하지 않고 계속 굴러갈 수 있게 됩니다.

참고 구심력이란?

구심력은 물체가 원형의 궤도를 따라 운동할 수 있게 중심 쪽으로 당겨 주는 힘을 말합니다. 구심력이라는 힘이 따로 있는 것이 아니라 원운동 하는 물체에 작용하여 원운동을 할 수 있게 당겨 주는 힘에 붙여진 이름에 불과합니다.

우주에 있는 인공위성이 우주로 날아가지 않고 지구 주위를 도는 이유 역시, 지구의 중력이 구심력으로 작용하기 때문입니다.

STEAM 연결고리

이 기계 공학 활동에는 여러 가지 물리학 **S**의 원리가 사용됩니다. 백업 스펀지 막대를 자를 때는 가위 기술 **T**을 사용하고, 롤러코스터를 디자인하면서 예술적 **A** 재능을 사용합니다.

💬 좀 다르게 해볼까요?

백업 스펀지 막대를 더 사용해서 선로를 길게 연장해 보세요. 굽은 길도 만들 수 있을까요? 원형 선로를 2개 만들면 구슬이 떨어지지 않고 잘 지나갈 수 있을까요?

상자 골판지 같은 다른 재료를 사용하여 롤러코스터에 다른 요소를 추가해 보세요. 터널을 만들 수 있나요?

출발 지점의 높이를 다르게 하면 롤러코스터에 어떤 영향을 미칠까요? 언덕을 높이거나 낮춰서 해 보세요.

여기서 잠깐! 알아두면 쓸모 있는
지식 모아보기

롤러코스터를 타면 왜 붕 뜨는 느낌이 날까요?

롤러코스터나 바이킹을 타면 몸이 붕 뜨는 듯한 느낌이 나서 무섭죠. 분명히 나는 좌석에 앉아 벨트로 단단하게 고정되어 있는데 왜 이런 느낌이 나는 걸까요? 여기에도 과학적 원리가 숨겨져 있답니다.

롤러코스터와 같은 놀이 기구가 가장 높은 곳으로 올라갔다가 내려올 때, 몸이 붕 뜨면서 무서운 이유는 우리가 순간적으로 무중력 상태를 경험하기 때문입니다. 평상시 우리는 중력과 수직항력을 동시에 받고 있습니다. 중력은 여러분 모두 잘 알고 있죠? 수직항력은 중력과 반대 방향으로 작용하는 힘이라고 생각하면 돼요. 중력이 작용해 우리 몸을 바닥으로 누르면 바닥도 우리를 밀어내는 힘이 함께 작용하는데 바로 이 힘이 수직항력이죠. 놀이 기구를 타고 높은 곳에서 아래로 갑자기 내려오면 우리는 일시적으로 자유낙하 상태가 되는데, 이때 바닥을 누르는 힘이 없어지고 수직항력이 0이 되면서 무중력 상태가 됩니다. 그래서 잠시나마 붕 뜬 느낌을 받게 되는 것이죠.

가위형 리프트 집게

⚠️ 어린이 혼자 하면 위험해요. 어른과 함께 실험해 보아요!

여러분은 혹시 자동차 정비사가 작업하기 위해 차 아래로 내려갈 때, 자동차가 플랫폼에서 공중으로 들어 올려지는 걸 본 적 있나요? 이때 사용하는 장치는 가위형 리프트입니다. 기둥이 서로 교차하는 방식이 가위의 원리와 같아서 붙여진 이름입니다. 가위형 리프트는 무거운 짐을 들어 올릴 때 사용됩니다. 이번 활동에서는 집에 있는 물건들로 재미있는 집게를 만들어서, 기계 공학자들이 디자인하는 가위형 리프트를 경험해 볼 것입니다.

 15분

활동 시간

 어려움

난이도

 기계 공학   리프트

공학 활동
키워드   회전축

 재료

➡️ 자
➡️ 큰 나무 막대 6개
   (아이스크림 막대처럼 납작한 것으로)
➡️ 연필
➡️ 골판지
➡️ 압정
➡️ 투명 테이프
➡️ 가위
➡️ 글루스틱
➡️ 폼폼(스펀지 구슬)이나
   종이뭉치

그림 속 리프트가 바로, 우리가 만들어 볼 가위형 리프트입니다.

 활동 순서

● 가위형 리프트 만들기

1 자로 나무 막대의 길이를 재서 중심이 되는 지점을 연필로 표시합니다.

2 나무 막대 양 끝의 6~7mm 안쪽 지점에도 연필로 표시합니다.

3 **보호자** 골판지를 깔고 나무 막대를 하나씩 올려놓습니다. 나무 막대 위에 연필로 표시한 중심점과 끝 쪽 지점에 압정을 사용하여 구멍을 냅니다. 골판지는 압정을 꽂을 때 작업대가 손상되지 않도록, 또 손가락이 다치지 않도록 보호해 줍니다.

4 나무 막대가 갈라지지 않도록 압정을 천천히 돌려가며 눌러서 구멍을 냅니다. 나무 막대가 갈라졌다면 투명 테이프로 잘 감싸 줍니다.

5 이제 나무 막대 2개를 서로 교차하여 X자를 만듭니다. 압정을 중앙에 꽂아 고정시킵니다.

6 나머지 나무 막대 4개도 똑같이 만들면 모두 3세트의 십자가 막대가 만들어집니다.

7 X자의 끝부분끼리 서로 겹치게 나란히 배치하고, 압정으로 함께 고정합니다. 사진을 참고해서 따라 하세요!

8 글루스틱을 6mm 두께로 잘라서 나무 스틱 묶음을 뒤집어, 압정의 뾰족한 끝에 각각 꽂거나 붙여 줍니다. 글루스틱은 나무 막대들을 단단하게 결합시키고, 우리가 압정에 찔리지 않도록 보호하기도 합니다.

⚠️ **경고** 압정은 꽤 날카로우니 특별히 주의하세요.

● **리프트 집게 시험하기**

1 나무 막대의 양쪽을 각각 잡고 줄였다 하면서 집게를 작동해 보세요.

2 집게로 작은 폼폼이나 종이뭉치를 집어 보세요.

☑️ **왜 그럴까요?**

압정들은 2개의 막대를 연결하는 회전축 역할을 합니다. 압정들이 서로 멀어지게 십자가 막대를 옆으로 늘리면 X가 납작해집니다. 압정들이 가운데로 모이고 십자가 막대 묶음을 최대한 가깝게 모으면 X의 길이가 늘어나고 집게가 늘어납니다.

STEAM 연결고리

이 기계 공학 활동에서 여러분은 실제로 힘의 과학 S 이 적용된 기술을 만들어냈습니다. 자로 길이를 재서 표시하면서 간단한 기술 T 과 수학 M 도 사용했습니다.

➕ 좀 다르게 해볼까요?

X자 막대(십자가 막대)를 더 추가하여 집게를 얼마나 더 길게 만들 수 있는지 활동해 보세요.
어떻게 하면 집게를 더 효과적으로 만들 수 있을까요? 고무줄로 나무 막대의 앞부분을 감싸면 물건을 더 안정적으로 잡을 수 있을까요?

여기서 잠깐! 알아두면 쓸모 있는
지식 모아보기

직업의 모든 것: 기계 공학자

주위를 한번 둘러보세요. 여러분 주변에는 얼마나 많은 기계들이 있나요? TV부터 냉장고, 스마트폰, 컴퓨터, 시계까지! 열 손가락을 다 접어도 세지 못할 만큼 우리 주변에는 정말 기계들이 많습니다. 기계 공학자는 바로 이런 기계와 설비, 생산 시스템 등을 연구하고 개발하며 제조하는 일을 합니다.

기계가 많은 만큼, 기계 공학자도 정말 방대한 분야에서 일할 수 있는데요. 산업 설비나 건설 현장의 기계 시스템을 설치하고 감독하는 것부터, 배를 만드는 조선소, 비행기와 기차를 만들고 점검하는 데까지. 기계가 있는 곳이라면 어느 곳에서도 일할 수 있습니다. 물론 각자 맡은 전문 분야는 다르겠지만요.

기계 공학자가 되기 위해선 대학에서 기계정보공학이나 기계설계학, 자동차공학, 로봇시스템공학, 조선공학, 항공우주공학 등의 기계와 관련된 학과를 졸업하는 것이 유리합니다. 기계공학적 원리와 적용에 대한 이론적 지식은 필수이며, 전기 및 전자의 기본적인 지식과 함께 자동화를 위한 관련 지식도 필요합니다.

관련된 국가자격으로는 기계기술사, 건설기계기술사, 산업기계설비기술사, 기계안전기술사, 조선산업기사, 기계설계기사 등이 있습니다. 산업기사의 자격을 취득한 후 동일직무 분야에서 1년 이상 실무에 종사하면 기사 시험에 응시할 자격이 주어지고, 5년 이상 실무에 종사하면 기술사 시험에 응시할 자격이 주어집니다.

고무줄 외륜선

 어린이 혼자 하면 위험해요. 어른과 함께 실험해 보아요!

아주 옛날에, 증기 외륜선*은 사람과 물건들을 강 건너로 실어 나르는 주요 수단이었습니다. 물론 이후에, 다른 교통수단이 외륜선을 대신하게 되었지만요. 이 도전에서는 작은 외륜선을 만들어 보고, 외륜선이 물속에서 어떻게 작동하는지 탐구합니다.

그림과 같이 외륜선은 배 바깥에 외륜(수레바퀴)이 부착된 배입니다.

 활동 시간 **15분**

 난이도 보통

 공학 활동 키워드 기계 공학　외륜선
작용·반작용의 법칙

 활동 순서

● 외륜선 만들기

1　페트병을 옆으로 눕히고, 길이 방향(페트병에서 긴 쪽)으로 나무 꼬치 2개를 병의 양옆에 각각 테이프로 붙입니다. 꼬치들이 병의 바닥보다 15cm 더 튀어나오게 합니다. 페트병은 배의 몸통 역할을 합니다.

2　플라스틱 숟가락 2개의 오목한 숟가락 부분을 잘라내는데, 손잡이 부분을 1.3cm 남겨두고 자릅니다.

---

*　**외륜선**은 수레바퀴와 같은 외륜이 배 바깥쪽 측면에 부착된 배입니다. 원동기에 의해서 이 바퀴 모양의 추진기인 외륜을 회전시켜 항해합니다. 전진과 후진이 자유롭고 수심이 낮은 하천이나 호수 등에는 적합하지만 큰 바다 항해에는 적합하지 않습니다. 과거에는 많이 사용되던 선박 형태지만, 요즘에는 작은 강과 하천 등에서만 쓰입니다.

재료

→ 뚜껑 있는 빈 페트병
→ 강력 테이프
→ 나무 꼬치 2개
　(페트병보다 긴 것)
→ 자
→ 가위
→ 플라스틱 숟가락 2개
→ 고무줄
→ 욕조 또는 대형 플라스틱 용기

3 강력 테이프를 가늘게 잘라서 2번에서 자른 2개의 짧아진 숟가락 손잡이를 서로 반대 방향으로 겹쳐서 붙이되, 오목한 부분이 하나는 위로, 하나는 아래를 향하도록 합니다. 바로 이것이 배의 노(바퀴 모양의 외륜) 역할을 할 거예요. 헷갈린다면 사진을 참고해서 따라 하세요!

4 페트병에서 길게 튀어나온 꼬치의 양 끝을 고무줄로 가로질러 동여 맵니다.

5 고무줄 가운데에 2~3번에서 만든 숟가락 노를 끼워 넣습니다.

> ⚠ **경고** 소량의 물일지라도 어린아이는 익사의 위험이 있습니다. 활동이 끝나면 욕조나 용기의 물을 반드시 비워주세요.
> 나무 꼬치 끝은 매우 날카로우니 조심하세요.

● 외륜선 시험하기

1 고무줄에 끼운 숟가락 노를 뒤쪽으로 감아서 시험해 보세요. 고무줄이 비틀리면서 숟가락 노에 감겨지겠죠. 숟가락 노에서 손을 떼면 노가 반대 방향으로 풀어지며 회전합니다. 잘 안되면 고쳐서 다시 해보세요.

2 노가 제대로 작동하면, 욕조에 물을 10cm 높이로 채웁니다. 숟가락 노를 충분히 비틀었다가 물에 띄우고 관찰하세요. 배가 전진하면 성공입니다.

☑ 왜 그럴까요?

증기로 움직이는 외륜선에서는 엔진이 노(외륜)를 돌리지만, 우리의 활동에서는 고무줄이 엔진의 역할을 합니다. 숟가락 노를 감으면 위치에너지가 생성되고, 놓으면 위치에너지가 운동에너지로 전환됩니다. 꼬인 고무줄이 원상복구되면서 노가 회전합니다. 회전하는 노가 물을 밀어내면서 배가 앞으로 전진합니다.

STEAM 연결고리

이 기계 공학 실험에서는 과학 ⑤ 을 주로 사용합니다. 여러분은 여러 에너지와 함께, 뉴턴의 제3 운동 법칙(작용과 반작용: 모든 작용에는 같은 크기의 반대 방향의 반작용이 있다)을 다룹니다. 또한 고무줄 같은 기술 ⓣ 들을 사용하고, 배를 창의적으로 디자인한다면 예술적 ⓐ 요소도 추가할 수 있습니다.

➕ 좀 다르게 해볼까요?

고무줄을 더 팽팽하게 비틀면 어떻게 달라질까요?
고무줄을 배의 몸통(페트병) 쪽에 더 가깝게 묶어서 숟가락 노를 움직여 보세요. 배의 성능에 영향을 미칠까요? 더 멀리 옮기면 어떻게 되나요?
지금 만든 고무줄 외륜선을 어떻게 하면 잠수함으로 만들 수 있을까요?

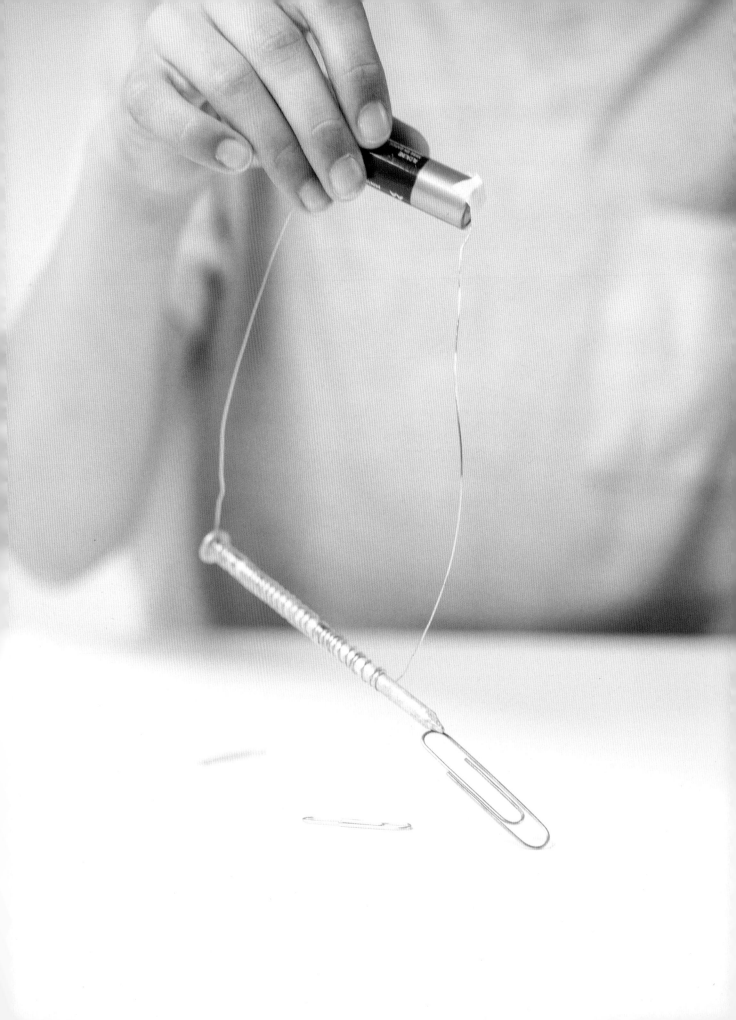

DIY 전자석

⚠️ 어린이 혼자 하면 위험해요. 어른과 함께 실험해 보아요!

교과 연계: [과학] 6학년 2학기 1단원 전기의 이용

전기가 실제로 자기장을 만들 수 있다는 것을 알고 있었나요? 전기로 만들어진 자석을 전자석(electromagnet)이라고 부릅니다. 전자석은 기계 공학자가 모터를 설계하고 제작할 때 사용됩니다. 전자석은 또한 자기공명 영상장치(MRI)*, 음향 장비, 또는 장난감에서도 쓰이고 있답니다. 우리는 이번 활동을 통해 전자석을 만들 거예요!

 활동 시간 **20분**

 난이도 **어려움**

 공학 활동 키워드 전기 공학　전자석　자성

활동 순서

1. 에나멜선을 1m 정도로 자릅니다.

2. 에나멜선을 긴 쇠못에 단단히, 되도록이면 가지런하게 감아줍니다.

 재료

➡ 가위
➡ 얇은 에나멜선
　(내부는 구리선인 것으로 준비하세요)
➡ 큰 쇠못
➡ 사포
➡ 마스킹 테이프
➡ AA 건전지
　(다 쓴 건전지는 활동에 적합하지 않아요)
➡ 클립

* **자기공명 영상장치(MRI)**란, 자기장을 발생하는 커다란 자석통 속에 인체를 들어가게 한 후 인체에 고주파를 쏘아 인체에서 메아리와 같은 신호가 발산되면 이를 되받아서 디지털 정보로 변환하여 영상화하는 장비입니다. (역자주)

3 에나멜선의 양 끝을 각각 12cm 남겨둡니다.

4 사포로 에나멜선의 양 끝 2.5cm 정도를 살살 문질러 벗겨냅니다.

5 **보호자** 벗겨낸 부분을 각각 건전지 양 끝에 마스킹 테이프로 붙입니다. 에나멜선이 양쪽 끝에 연결되면 건전지가 금방 뜨거워집니다.

6 건전지 가운데를 잡고 들어 올려서 쇠못 끝에 클립을 갖다 댑니다. 못이 자석처럼 클립을 끌어올리면 전자석이 성공적으로 만들어진 것입니다.

7 활동이 끝나면 바로 에나멜선을 떼어냅니다.

> **⚠경고** 활동 중에는 배터리가 매우 뜨거워지므로 어른의 감독이 필요합니다.

참고 건전지가 뜨거워지는 이유는 전자석이 건전지를 빠르게 소모하기 때문입니다.

☑ 왜 그럴까요?

냉장고에 붙어있는 자석들은 항상 자성을 지니고 있습니다. 그러나 이런 자석들과는 달리, 전자석은 전기가 있을 때에만 자성을 갖습니다. 전기가 건전지에서 에나멜선을 통해 못으로 흘러가면 못의 분자들이 일시적으로 자성을 갖도록 재배열됨에 따라서 전자석이 자성을 지니게 됩니다.

STEAM 연결고리

이 전기 공학 활동은 과학 ⑤, 특히 물리학과 전기에 대한 지식을 주로 다루고 있습니다. 또한 전자석을 만들 때, 건전지라는 기술 ⑪ 을 사용합니다.

좀 다르게 해볼까요?

전자석이 클립을 한 개 집어 올렸을 때, 그 클립을 그대로 다른 클립으로 가져가서 클립 체인을 만들어 보세요. 클립을 몇 개까지 들어 올릴 수 있나요? C형 또는 D형 건전지(조금 더 크기가 큰 건전지)를 사용해 보세요. 이것이 전자석에 어떤 영향을 미칠까요?

여기서 잠깐! 알아두면 쓸모 있는
지식 모아보기

공중에 떠서 움직이는 열차, 자기 부상 열차

자기 부상 열차는 전기로 발생된 자기력에 의해 선로에서 뜬 상태로 달리는 열차입니다. 자기 부상 열차를 움직이게 하기 위해서는 열차를 선로로부터 띄우는 힘과 열차가 원하는 방향으로 나갈 수 있는 힘이 필요해요. 자기 부상 열차는 자석의 성질을 이용합니다. 자석은 같은 극끼리는 서로 미는 힘, 다른 극끼리는 서로 끌어당기는 힘이 있지요. 자기 부상 열차는 흡인식과 반발식, 두 가지 종류가 있습니다. 우리가 알아볼 흡인식(상전도 방식)*의 경우 자석의 다른 극끼리 끌어당기는 힘을 이용해 선로 위에 열차를 띄우게 돼요. 이렇게 띄운 열차는 선형 전동기 방식을 활용해 추진 선로에 전자유도현상을 일으켜, 이때 발생한 전자기력의 힘으로 열차(1차측)와 추진 선로(2차측)가 밀고 당기면서 앞으로 나아가요.

자기 부상 열차는 바퀴를 선로에 닿게 해 굴러서 가는 보통 열차에 비해 공중에 떠서 가기 때문에 더 빠르게 움직일 수 있으며 소음이 적고 흔들림이 거의 없어 승차감이 좋답니다. 또한 탈선의 위험도 적습니다.

QR 코드를 스캔하면 관련 영상을 볼 수 있어요!

자기 부상 열차의
과학적 원리

* **흡인식(상전도 방식)**은 열차와 궤도에 각각 ㄱ ㄴ 형태로 전자석이 설치되어 있어서 선로가 차량을 자기장의 힘을 이용해서 선로쪽으로 끌어당기는 형태로 선로와 차량이 약 1CM 간격을 두고 이동하는 형태를 말합니다.

계란을 지켜라! 계란을 위한 에어백

⚠️ 어린이 혼자 하면 위험해요. 어른과 함께 실험해 보아요!

초기 자동차에는 에어백은 물론, 안전벨트도 없었습니다. 오늘날 자동차 사고로부터 우리를 보호하는 안전장치들은 훨씬 나중에 발명된 것입니다. 이 활동에서, 여러분은 날계란을 충격으로부터 보호할 수 있는 장치를 고안해 봅니다.

 활동 순서

● 계란을 보호할 에어백을 설계하고 만들기

1 계란을 3m 높이에서 떨어뜨렸을 때 깨지지 않게 할 방법이 있을까요?
   주변에 어떤 재료들이 있는지 둘러보고, 계획을 세워서 종이에 스케치합니다. 여러 가지 재료가 있다면 몇 가지 아이디어를 스케치해 보세요.

2 계획을 세우고 스케치를 마쳤다면, 여러 재료를 사용해서 계획대로 만들고 떨어뜨렸을 때 날계란이 깨지지 않는지 시험해 봅니다. 작업할 때에는 계란이 깨지지 않게 주의하세요.

● 계란 낙하 시험하기

1 여러분이 만든 계란 에어백을 가지고, 계란이 깨져도 괜찮은 실외로 나갑니다.

 활동 시간 **45분**

 난이도 **보통**

 공학 활동 키워드 기계 공학   공기저항
중력   충격 흡수

 재료

➡️ 종이와 연필
➡️ 날계란 ➡️ 테이프
➡️ 가위   ➡️ 실
➡️ 튼튼한 의자, 계단식 스툴 또는 사다리
➡️ 작은 골판지 상자 또는 휴지심
➡️ 플라스틱컵이나 종이컵
➡️ 잘게 썬 종이, 에어캡(일명 '뽁뽁이'라고 하죠)과 같은 포장 완충재
➡️ 플라스틱 쇼핑백

2 〔보호자〕 튼튼한 의자나 사다리에 올라가서 계란이 든 장치를 땅에서 3m 높이로 들어 보세요.

3 계란 에어백을 그대로 떨어뜨립니다. 계란이 깨졌나요?

> ⚠️ 경고   사다리를 사용할 때는 추락의 위험이 있으니, 어른의 감독이 필요합니다.

☑ 왜 그럴까요?

계란 에어백을 위에서 놓아 버리면 중력에 의해 계란이 떨어지게 됩니다. 이 활동이 성공하려면 계란이 떨어지는 속도를 늦출 수 있는 방법을 알아내야 합니다. 계란 에어백에 낙하산을 매달거나 공기저항을 증가시킬 날개를 다는 방법도 있습니다. 계란이 땅에 부딪히는 순간의 충격을 완화시킬 수 있는 방법도 찾아야 합니다.

🔬 STEAM 연결고리

이 기계 공학 활동은 과학 ⓢ 을 사용합니다. 물리학과 중력을 다루고 있기 때문입니다. 장치(에어백)를 스케치하고 창의적인 생각으로 해결책을 도출하는 것은 예술 ⓐ과 연관됩니다. 또한 재료와 계란의 낙하 높이를 측정하면서 여러분은 수학 ⓜ 을 사용합니다.

QR 코드를
스캔하면
관련 영상을
볼 수 있어요!

**다양한 방법으로 계란
에어백을 만들어 보아요!**

➕ 좀 다르게 해볼까요?

계란 에어백이 높은 곳에서 떨어지는 계란을 보호해 줄까요? 공중에 높이 던져서 땅으로 떨어지게 하면 어떻게 될까요?
2가지 재료만 사용해서 계란을 보호하는 용기를 디자인할 수 있나요?

생명을 구하는 에어백!

이번 공학 활동에서 여러분은 계란이 깨지지 않게 보호하는 일종의 '에어백(Air Bag)'을 만들었어요. 이러한 에어백은 자동차 교통사고가 나거나 어딘가에 충돌했을 때 충격으로부터 여러분을 보호하는 아주 중요한 장치입니다.

센서에 의해 자동차에 충돌이 감지되면 에어백을 작동시키는 기폭제가 전류에 의해 폭발되며, 이어서 점화제가 연소되고 이때의 열로 가스 발생제에서 질소 가스가 폭발적으로 발생해 에어백이 순간적으로 부풀게 됩니다. 충돌 이후 에어백이 완벽하게 부풀어 오르기까지 걸리는 시간은 불과 0.03~0.05초 사이라고 합니다. 정말 빠르죠?

에어백이 사고로부터 많은 사람들을 살리기도 하지만 무조건 에어백을 믿는 건 금물입니다. 에어백이 터지는 속도가 매우 빠르기 때문에 에어백과 얼굴이 직접 부딪힐 경우엔 심한 충격을 받을 수 있습니다. 튼튼한 에어백보단 안전 운전이 더욱 중요합니다!

휴지심 구슬 슬라이드 마블런

⚠ 어린이 혼자 하면 위험해요. 어른과 함께 실험해 보아요!

여러분은 구슬 슬라이드 마블런을 본 적 있나요? 화려한 색상의 플라스틱 튜브와 깔때기 등 다양한 구조물로 이뤄져 있습니다. 이 활동을 통해, 여러분은 집에 있는 물건들로 여러분만의 구슬 슬라이드 마블런을 만들면서 물리학에 대해 많은 것을 배울 수 있습니다.

활동 시간 **30**분

난이도 **쉬움**

공학 활동 키워드

| 기계 공학 | 위치에너지 |
| 운동에너지 | 중력 |

재료

- ➡ 강력 테이프
- ➡ 종이컵
- ➡ 큰 두꺼운 종이나 폼보드
- ➡ 가위
- ➡ 휴지심
- ➡ 구슬 여러 개

🔧 활동 순서

1 큰 두꺼운 종이의 아래쪽 모서리에 종이컵을 테이프로 붙여 놓습니다.

2 두꺼운 종이 상단의 반대쪽 모서리(1번에서 종이컵을 붙인 모서리의 대각선 위 모서리)가 구슬의 출발 지점입니다. 우리의 목표는, 시작 위치에서 출발한 구슬이 휴지심들을 타고 종이컵으로 골인하는 것입니다.

3 여러분이 생각한 경로에 따라 휴지심을 잘라서 배치할 수 있습니다. 테이프로 휴지심들을 살짝 붙여 보고, 위치가 마음에 들면 더 단단하게 붙입니다.

4 휴지심을 새로 추가할 때마다 구슬의 경로가 어떻게 달라지는지 시험해 봅니다. 구슬이 휴지심 끝에서 다른 곳으로 날아가 버린다고요? 그럼 휴지심들을 다르게 배치해 보세요. 구슬이 중간에 멈춰버린다고요? 휴지심을 돌려서 기울기를 변경해 보세요.

❗ 경고 구슬은 아이들이 삼키면 질식의 위험성이 있습니다. 활동이 끝나면 구슬이 안전하게 치워져 있는지 확인합니다.

☑ 왜 그럴까요?

꼭대기 시작점에 있을 때 구슬은 위치에너지를 가지고 있습니다. 구슬이 출발할 때, 위치에너지는 중력으로 인해 운동에너지로 바뀌어 구슬을 아래로 떨어뜨립니다. 휴지심의 기울기를 가파르게 할수록 구슬의 속도는 증가합니다.

🌡 STEAM 연결고리

과학 ⓢ(물리학)은 이 기계 공학 활동에 큰 역할을 합니다. 중력은 구슬이 휴지심을 타고 종이컵으로 떨어지게 합니다. 마블런을 만들 때 우리는 가위와 테이프라는 기술 ⓣ을 사용합니다.

QR 코드를 스캔하면 관련 영상을 볼 수 있어요!

영상처럼 나무 막대를 추가해서 마블런을 만들어 보세요. 더 복잡한 길을 만들 수 있답니다.

➕ 좀 다르게 해볼까요?

구슬이 컵에 도달하는 시간을 스톱워치로 측정합니다. 구슬이 휴지심을 지날 때, 더 속도가 빨라지게 휴지심 경로를 디자인할 수 있나요?
휴지심들을 모두 반달 모양으로 반으로 길게 갈라서 해보세요. 이렇게 하면 구슬이 튕겨나갈 확률이 높아져서 컵 안에 안전하게 구슬을 골인시키기 더 어려워집니다.

현장 인터뷰

❝ 제가 이 분야에 입문하게 된 이유는, 컴퓨터 기술이 오늘날 우리가 행하는 모든 것을 가능하게 만들기 때문입니다. 기술은 빠르게 발전하기 때문에 항상 새로운 것을 배울 수 있습니다. 지금 제가 맡은 업무는, 음악과 사진을 저장하는 것부터 방대한 데이터 수집 및 분석에 이르기까지 다양한 용도로 사용될 대규모 자동 컴퓨터 시스템을 설계하고 만드는 것입니다. ❞

- 컴퓨터 공학자, 제리 슐

나무 막대 트러스교

 어린이 혼자 하면 위험해요. 어른과 함께 실험해 보아요!

우리가 건너는 다리에는 여러 종류가 있습니다. 혹시 차를 타고 가면서 눈여겨본 적 있나요? 현대 교량(다리)의 오래된 형태 중 하나인 트러스교는 옆면이 여러 개의 삼각형들로 구성되어 매우 튼튼합니다. 이 활동에서 우리는 트러스(truss) 교량을 강하게 만드는 원리를 알아봅니다.

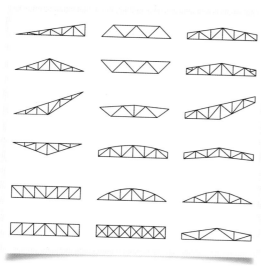

다양한 형태의 트러스 구조가 있습니다.

활동 시간 45분

난이도 어려움

공학 활동 키워드

토목 공학　건축 공학

트러스 구조

재료

➜ 나무 막대 약 100개
(아이스크림 막대처럼 납작한 것이 좋습니다)

➜ 글루건

➜ 가위

 활동 순서

● 다리의 옆면 만들기

1 나무 막대 3개를 삼각형으로 배치하고, 끝부분을 서로 겹쳐 글루건으로 붙입니다.

2 1번과 같은 방법으로 삼각형 6개를 만듭니다.

3   이번에는 나무 막대 3개를 일렬로, 끝부분을 겹치지 않고 길게 이어지도록 배치합니다.

4   새로운 나무 막대 하나를 절반의 길이로 자릅니다. 이 절반짜리 막대를, 3번의 3개로 이어진 막대의 첫 번째 막대 위에 끝점을 똑같이 맞추어서 붙입니다.
    이 줄(바닥부터 보면 2층이겠네요!)에, 새로운 나무 막대 2개를 이어 붙이면, 아래 막대들(3번에서 연결한 나무 막대들, 바닥부터 보면 1층!)의 연결 부분이 빈틈없이 덮여집니다. 나머지 반쪽 막대를 끝에 있는 스틱에 붙입니다.

5   3, 4단계를 반복해서 막대 가로줄을 하나 더 만듭니다.

6   1~2번에서 만든 3개의 삼각형 밑부분을 3~4번에서 만든 막대 가로줄에 글루건으로 붙입니다. 나머지 3개의 삼각형도 다른 막대 가로줄에 붙입니다. 바로 이게 트러스교의 옆면이 되는 것입니다.

7   이번에는 나무 막대 2개를 일직선으로 연결합니다.

8   새로운 나무 막대 하나를 절반의 길이로 자릅니다. 이 절반짜리 막대를, 7번의 2개로 이어진 막대의 첫 번째 막대 위에 끝점을 맞춰 붙입니다. 바로 옆에 새 나무 막대 하나를 이어 붙이고, 나머지 반쪽 막대를 끝에 붙여 줍니다.

9   7단계와 8단계를 반복해서 막대 가로줄을 하나 더 만듭니다.

10 7~9번에서 만든 막대 가로줄을 각각, 6번의 3개 삼각형 윗부분(6번에서 막대 가로줄을 붙이지 않은, 보다 길이가 짧은 쪽이 윗부분입니다)에 붙입니다. 이제 트러스교 옆면이 완성되었습니다!

⚠️ 경고   글루건은 매우 뜨거워지므로 사용할 때 반드시 어른의 도움을 받아야 합니다.

● 다리 바닥(도로) 만들기

1 앞 활동 과정에서 만든 2개의 다리 옆면을 바로 세우고 막대 하나를 한쪽 옆면의 아랫줄 중앙에서 다른 옆면의 아랫줄 중앙으로 평행하게 걸쳐지도록 붙여줍니다. 같은 방법으로 다리의 양쪽 아랫줄 끝에도 막대를 하나씩 각각 붙입니다.

2 바닥에 막대 몇 개를 더 붙이는데, 각 삼각형의 가운데에 하나씩, 그리고 각 삼각형의 모서리에 하나씩 붙입니다. 이 나무 막대들이 다리의 바닥을 지탱하게 됩니다.

3 이제 이 지지대 막대에 가로로 걸쳐지도록(1~2번에 붙인 막대와는 수직이 되게), 막대들을 나란하게 빼곡히 붙이면 다리 바닥이 완성됩니다.

● 윗면 보강하기

1 다리 옆면 윗부분에서 삼각형 꼭짓점에(다리 중간과 양 끝에) 다리의 위쪽을 가로지르도록 나무 막대를 추가로 붙여서 힘을 보강해 줍니다.

☑ 왜 그럴까요?

트러스(truss)는 삼각형들로 연결된 구조를 말합니다. 삼각형에 가해지는 힘은 세 면에 균등하게 분배되기 때문에 매우 안정된 형태입니다.

🔬 STEAM 연결고리

이 토목 공학 활동에서는 글루건이라는 기술 ⓣ을 사용합니다. 여러분은 또한 다리를 만들면서 미술 ⓐ과 수학 ⓜ(기하학)을 사용합니다.

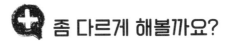

좀 다르게 해볼까요?

여러분이 만든 다리는 얼마나 튼튼할까요? 의자 2개를 놓고, 그 사이에 다리의 양쪽 끝을 걸쳐 놓습니다. 다리 중간에 바구니를 매달고, 모래나 무거운 책 같은 물건들을 넣어 보세요.

더 긴 다리를 만들고, 강도를 시험해 보세요.

여기서 잠깐! 알아두면 쓸모 있는
지식 모아보기

직업의 모든 것: 건축가

이번 공학 활동으로 여러분은 튼튼하고 아름다운 다리를 만들었습니다. 다리를 포함한 모든 건축물들은 외부의 충격에도 튼튼하고 견고한 것이 최우선이지만, 조형적인 요소도 매우 중요합니다. 그래서 건축가는 단순히 건축에 대한 지식과 공간 지각 능력만 필요한 것이 아니라 조형미에 대해서도 뛰어난 능력이 필요합니다(엄밀히 말하자면 토목 공학자가 '다리'나 '댐' 등을 주로 건축하지요).

건축가(건축사)는 조형미, 경제성, 안전성, 기능성 등을 고려하여 주택이나 사무용 빌딩, 병원, 체육관 등의 건축물을 계획하고 설계하는 일을 합니다. 건축가가 되기 위해서는 국토교통부에서 주관하고 대한건축사협회에서 시행하는 건축사 자격을 취득해야 합니다. 이를 위해서는 전문대학 또는 대학교에서 건축학과를 전공하거나 건축사 실무수련 신고 후 실무수련 완료증명서를 발급받고, 건축사 예비시험에 합격해야 합니다. 건축사 예비시험은 건축사 자격을 얻기 위해 필요한 자격으로 전문대학이나 대학교의 건축학과를 졸업하고 실무경력이 2년 이상인 사람들로 응시자격이 제한되어 있습니다.

건축가는 문화적인 현상을 관찰하고 창조적으로 탐구하는 걸 좋아하는 사람에게 적합합니다. 또한 다양한 건축물을 설계하고 재건축을 하는 일이 많으므로 창의력과 공간 지각 능력 역시 필요합니다.

39

셰이커 악기

교과 연계: [음악] 나만의 악기 만들기

여러분은 음악 분야에도 엔지니어가 필요하다는 것을 알고 있나요? 음악 분야에 컴퓨터로 레코딩할 수 있는 디지털화된 악기들이 점점 더 많아지면서, 구식 악기의 디자인을 변경하고 개선하는 데에도 엔지니어가 필요합니다. 가장 오래된 악기인 드럼, 심벌즈, 셰이커와 같은 타악기들도 마찬가지입니다. 이 활동에서는 여러분만의 셰이커를 만들어서 소리의 세계를 탐구합니다.

활동 시간 **10분**

난이도 쉬움

공학 활동 키워드 음향 공학 　 음파 　 진동 　 타악기

재료

- 플라스틱 계란 모형(에그 캡슐, 일명 '뽑기'라 불리는 작은 투명 캡슐을 사용해도 무방합니다) 2개
- 쌀, 콩(익히지 않은 것이어야 합니다) 또는 작은 플라스틱 구슬
- 컬러 테이프

활동 순서

1. 플라스틱 계란 하나를 열고 쌀이나 콩, 작은 플라스틱 구슬을 반 정도 채웁니다.

2. 뚜껑을 꼭 돌려 잠그고 컬러 테이프로 이음새를 붙이면 셰이커가 완성됩니다.

3. 두 번째 플라스틱 계란에는 다른 것들을 넣어 채우고 뚜껑을 잘 잠가 줍니다.

4. 셰이커를 하나씩 들고 흔들어 보세요. 두 개의 소리가 어떻게 다른가요?

☑ 왜 그럴까요?

악기를 흔들면 안에 있는 물체들이 서로 충돌하고, 용기(플라스틱 계란)의 표면과도 충돌합니다. 소리는 내부의 물체가 셰이커의 표면에 부딪혀 진동할 때 만들어집니다. 진동은 음파의 형태로 공기를 통해 이동합니다.

STEAM 연결고리

이 공학 활동에서는 음파를 다루는 과학 ⑤ 을 사용합니다. 여러분은 악기를 만들었기 때문에, 예술 ❹ 을 경험했습니다. 음악은 예술의 한 분야입니다.

➕ 좀 다르게 해볼까요?

플라스틱 계란에 모래나 흙을 채워 보세요. 내용물이 새지 않도록 테이프로 잘 밀봉하세요! 처음 활동에서 했던 단단한 알갱이들과 비교하면 모래, 흙이 들어간 셰이커에서는 어떤 소리가 나나요?

어떻게 하면 큰 소리가 나게 만들 수 있을까요? 빈 휴지심, 빈 캔, 플라스틱 병을 셰이커로 사용해 보세요.

↖ QR 코드를 스캔하면 관련 영상을 볼 수 있어요!

어떻게 음향효과를 녹음하는지 영상으로 함께 봐요!

여기서 잠깐! 알아두면 쓸모 있는
지식 모아보기

직업의 모든 것: 음향효과 엔지니어

영화와 애니메이션은 볼 때마다 재밌습니다. 화려한 영상과 생동감 넘치는 소리로 우리의 눈과 귀를 즐겁게 만들죠. 생생한 소리를 위해 따로 녹음도 하고 영상에 소리를 덮어 씌운다는 걸 알고 있나요?

음향효과 엔지니어('폴리아티스트'라고 부르기도 합니다)는 더욱 실제와 같은 소리, 몰입도를 높일 수 있는 소리 등을 조작하고 녹음하는 업무를 합니다. 영화나 드라마 같은 경우, 촬영을 하면서 소리가 함께 녹음이 되곤 하지만 주변의 잡음이 섞이기도 하고 상대적으로 소리가 작게 녹음되기도 합니다. 때문에 추후 음향효과 작업을 통해 강조해야 할 소리를 더해주지요. 예를 들어 주인공이 눈 쌓인 언덕을 걸어가는 장면에선 눈을 밟는 듯한 소리를, 갑자기 천둥번개가 치는 장면에선 번개 소리 등을 더해줍니다. 이때, 실제 소리를 더하는 경우도 있지만 만들어내기도 해요. 전분 가루를 봉지에 담아 누르면 눈 밟는 소리가 나는데 이것을 이용하는 것처럼 말이죠. 애니메이션이나 게임은 원래부터 소리가 없기 때문에, 음향효과 엔지니어의 역할이 필수적입니다. 보다 박진감 넘치고 생동감 있는 캐릭터의 움직임을 표현해 주고 영상에 활기를 불어넣어 주죠.

스마트폰이 대중화되면서 다양한 게임과 애플리케이션이 생겨났고 이에 따른 음향효과 엔지니어 일자리도 늘어나고 있습니다. 소리나 음향에 관심이 있는 친구들이라면 음향효과 엔지니어를 꿈꿔보는 건 어떨까요?

파이프 클리너 미로

⚠️ 어린이 혼자 하면 위험해요. 어른과 함께 실험해 보아요!

아직 도로가 만들어지지 않은 지역에 새로운 상가나 주택 단지를 계획할 때, 토목 공학자나 도시 공학자들은 기존의 도로에서 이 새로운 건물로 이어지는 새 도로를 만들어야 합니다. 마치 미로를 디자인하는 것과 같죠. 이 활동에서 여러분은 직접 미로를 만들면서 토목 공학이나 도시 공학을 경험해 볼 수 있습니다.

 활동 시간 **15분**

 난이도 쉬움

 공학 활동 키워드 토목 공학 　 도시 공학
도로·도시 설계

 ## 활동 순서

● 미로 만들기

1 상자의 한쪽 모서리에, 사인펜으로 '시작'이라고 적고 반대편 모서리에는 '끝'이라고 쓰거나 별과 같은 도형을 그려 넣습니다.

2 우리의 목표는 시작 지점에서 도착 지점인 '끝'까지 구슬이 굴러갈 미로를 만드는 것입니다.

3 파이프 클리너를 자르거나 구부려서 미로를 만듭니다.
간단하게든 복잡하게든, 여러분이 원하는 대로 만들어 보세요. 테이프로 파이프 클리너를 붙여 줍니다. 테이프를 붙일 때 파이프 클리너가 너무 납작하게 눌리지 않도록 주의하세요. 너무 납작하면 구슬이 미로를 따라 굴러가다가 튕겨나갈 수 있습니다.

 재료

➡ 높이가 낮은 상자
　(신발 상자 뚜껑이 적절합니다)

➡ 사인펜이나 유성 마커

➡ 파이프 클리너(모루) 10개 이상

➡ 투명 테이프

➡ 가위

➡ 구슬

❗ **경고** 구슬은 아이들이 삼키면 질식의 위험성이 있습니다. 활동이 끝나면 구슬이 안전하게 치워져 있는지 확인합니다.

QR 코드를
스캔하면
관련 영상을
볼 수 있어요!

영상처럼 미로 곳곳에 구멍이나
함정을 만들어 보세요. 구슬이
도착 지점에 도착하기 더욱
어려워지겠죠?

● 미로 시험하기

1 미로가 만들어졌으면 구슬을 시작 지점에 놓고 시험해 봅니다. 상자를 위아래로 조금씩 기울여 구슬이 미로를 잘 통과하도록 해 보세요.

☑ 왜 그럴까요?

상자를 위아래로 기울이면 구슬은 중력의 힘을 받아 움직이게 됩니다. 천천히 흔들면 구슬이 미로 중간에 그대로 멈추게 될 거예요.

🧪 STEAM 연결고리

토목 공학자들은 도로를 설계할 때, STEAM의 모든 요소로부터 도움을 받습니다. 구슬의 이동 경로를 설계한다는 점에서 여러분이 만든 구슬 미로도 토목 공학자들의 일과 크게 다르지 않습니다. 미로 속에서 구슬을 굴릴 때 물리라는 과학 ⑤ 을 사용하고, 가위와 테이프라는 기술 ⑦ 을, 그리고 미로를 디자인하면서 예술 ④ 을 사용하게 됩니다.

➕ 좀 다르게 해볼까요?

친구와 함께, 서로가 만든 미로에 구슬을 굴려 보세요.
미로 위에 터널을 만들어서 구슬이 통과하게 할 수 있나요? 미로 위에 터널을 만들 땐 휴지심을 활용하는 것도 좋습니다!

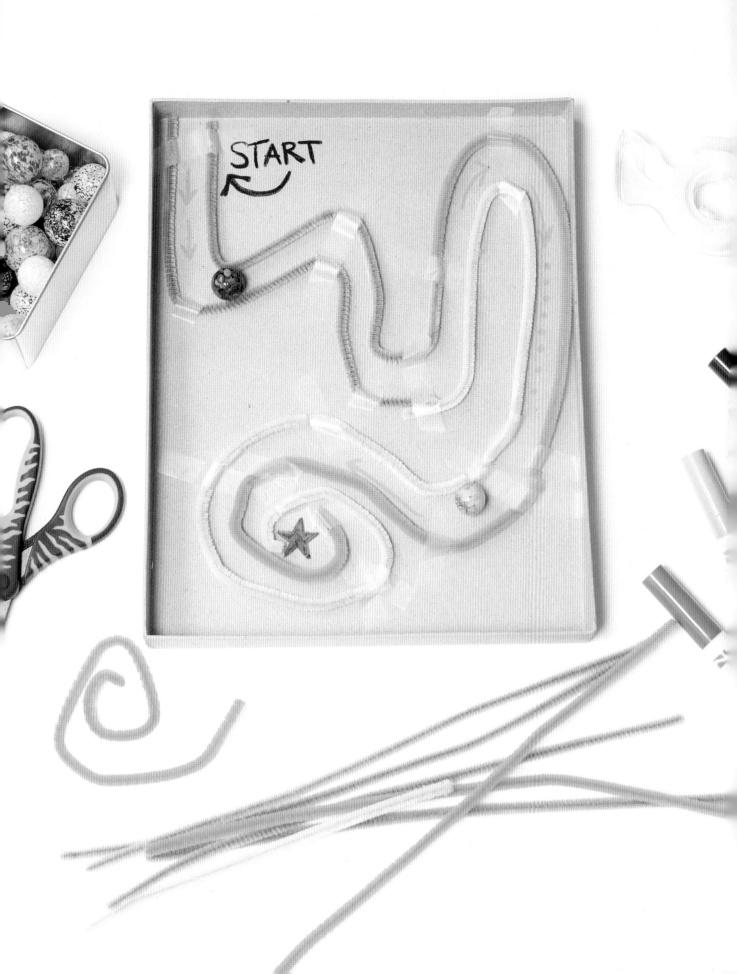

직업의 모든 것: 도시 공학을 전공한다면?

여러분이 이번에 체험한 공학 활동은 도시 공학자들이 한 도시의 도로를 계획하고 시공하는 것과 비슷합니다. 이번 공학 활동이 재미있었다면, 미래에 도시 공학에 대해 공부하는 건 어떨까요?

만약 여러분이 도시 공학과에 진학한다면 사람들의 삶의 질을 높이고 쾌적한 생활 환경을 만들기 위해 도시가 가지고 있는 여러 가지 문제를 해결하는 방법에 대해서 배우게 될 것입니다. 도시 공학을 통해 복잡한 도시 문제를 해결하고, 미래 도시를 계획, 설계, 건설하고 관리하는 데 필요한 역량과 지식을 갖춘 도시 공학자가 될 수 있어요.

누구나 도시 공학을 전공할 수 있지만, 평소 도시의 기능이나 역할에 관심이 많고 토목, 건축, 기계와 관련된 분야에 관심이 많다면 더욱 좋습니다. 더불어 법이나 행정과 같은 사회 과목에 흥미가 있어도 좋지요. 사람들을 둘러싼 도시를 계획하고 설계하는 일을 하므로 공간 지각 능력이 필요하며, 다양한 도시 문제를 해결하기 위해 여러 분야에 대한 관심과 창의력이 필요합니다.

도시 공학과 관련된 전공 학과는 정말 많은데요. 도시건설공학과부터 도시계획공학과, 도시공간디자인학과, 도시설계전공, 스마트시티공학과 등의 관련 전공 학과가 있습니다.

진자 운동이 그리는 그림

⚠️ 어린이 혼자 하면 위험해요. 어른과 함께 실험해 보아요!

여러분이 놀이터에서 그네를 타본 적이 있다면, 진자(pendulum)의 운동에 대해서 얼추 알고 있다고 봐도 무방합니다. 진자는 고정된 한 지점에 묶여진 긴 줄에 매달린 추입니다. 이 활동에서는 진자를 만들고, 진자를 사용해 그림을 그려 봅니다. 이러한 그림은 진자 페인팅 혹은 펜듈럼 페인팅(아트)이라고도 합니다.

> ❗경고 이 활동은 주변을 지저분하게 만들 수 있어요. 되도록이면 주변을 비우고, 넓은 공간 혹은 바깥에서 진행하는 것이 좋습니다.

 20분
활동 시간

⭐ **쉬움**
난이도

 기계 공학   진자 운동
공학 활동   펜듈럼 페인팅
키워드

 활동 순서

● 진자 만들기

1 의자 2개의 등받이를 서로 마주 보게 배치하고(이때 의자와 의자 사이에 적당한 간격을 두어야 하는 점 잊지 마세요!), 긴 막대를 양쪽에 균형을 이루도록 걸쳐 둡니다. 막대 밑에 도화지를 깔아 놓습니다.

2 종이컵 입구 쪽에 홀 펀치로, 서로 마주 보도록 2개의 구멍을 냅니다 (한 구멍의 180도 반대, 맞은편을 말합니다).

3 연필심 끝으로 컵 바닥에 작은 구멍을 냅니다.

4 컵 입구의 구멍에 실을 꿰어, 컵을 막대에 걸어 줍니다. 이때 컵이 땅에서 15cm 위에 매달려 있도록 합니다. 실이 너무 길면 컵이 바닥에 닿겠죠? 막대에 걸어보면서 실 길이를 조절하세요!

 재료

➡️ 높이가 같은 등받이 의자 2개
➡️ 긴 막대 또는 빗자루 손잡이
➡️ 도화지(되도록 큰 것)
➡️ 홀 펀치(구멍 뚫는 기구)
➡️ 종이컵 2개
➡️ 뾰족한 연필
➡️ 실
➡️ 테이프
➡️ 아크릴 물감(여러 색이면 좋습니다)
➡️ 물

● 물감 준비하기

1 일단 컵 바닥 구멍에 테이프를 붙여 막아 둡니다.

2 다른 종이컵에 아크릴 물감을 조금 짜냅니다. 그리고 평소에 그림 그릴 때보다 2배의 물을 넣고 연필로 저어 줍니다. 물감이 흘러내릴 정도의 농도가 되어야 합니다.

3 막대에 매달린 컵에 물감을 따라 줍니다.

● 진자로 그림 그리기

1 컵 바닥에 붙은 테이프를 떼어 냅니다. 이제 실을 잡고 컵을 둥글게 회전시킵니다.

2 실이 도는 대로 놔두고, 진자가 된 컵의 움직임을 지켜봅니다.

3 물감이 컵에서 흘러내려 도화지에 알록달록한 소용돌이를 그리면서 진자의 길을 표시하면 성공입니다. 물감이 너무 되직하면(즉, 물이 부족하면) 소용돌이가 아니라 점들이 이어진 것처럼 보일 수도 있습니다.

☑ 왜 그럴까요?

물감이 있는 컵은 마치 진자와 같이 작동합니다. 진자가 정지된 상태는 평형을 유지합니다. 여러분이 평형 상태를 깨고 진자(컵)를 움직이게 만들면, 중력의 힘에 의해 진자가 앞뒤로 흔들립니다. 진자는 진동할 때마다 마찰력에 의해 조금씩 에너지를 빼앗기게 되고, 결국에는 멈추게 됩니다. 이 진자의 원리와 컵에서 흘러내리는 물감이 합쳐져서 다채로운 그림을 만들어 냅니다.

STEAM 연결고리

이 기계 공학 활동은 진자에 작용하는 중력과 마찰력이라는 과학 ⑤ (물리학)을 사용합니다. 또한 홀 펀치로 구멍을 뚫는 기술 ⑦ 을 사용하고, 진자의 운동을 이용하여 다채로운 예술 ⑥ 작품을 만들어 냅니다.

💬 좀 다르게 해볼까요?

실의 길이를 바꾸면 어떻게 될까요?
진자를 더 빨리 또는 더 천천히 흔들리게 해 보세요. 그림이 어떻게 그려지나요?

여기서 잠깐! 알아두면 쓸모 있는
지식 모아보기

진자 운동이 그려 내는 곡선의 아름다움, 펜듈럼 페인팅

붓 없이도 물감이나 페인트로 그림을 그릴 수 있습니다. 바로 이번 공학 활동과 같은 방법으로 말이죠. 이번 공학 활동처럼 진자 운동을 이용해 그린 그림을 펜듈럼 페인팅 혹은 펜듈럼 아트라고 합니다. 펜듈럼 아트에선 그림 실력은 중요치 않습니다. 그림은 진자 운동이 그리니까요! 그저 우리는 어떤 색의 물감을 쓸지, 진자에 어떻게 힘을 가할지 혹은 진자의 줄 길이를 얼마나 길게 할지만 정하면 됩니다.

펜듈럼 페인팅은 진자 운동의 원리만 알면 누구나 쉽게 도전할 수 있습니다. 그러나 충분한 공간 확보는 필수입니다. 진자 운동의 중심점이 될 수 있도록 진자(물감이 담긴 통)를 매달 수 있는 높이가 확보되어야 하고, 캔버스나 종이를 놓고 진자가 움직일 수 있는 넓은 바닥이 필요합니다. 참고로, 통에 담은 물감이 덩어리지지 않도록 물을 섞어 농도 조절을 하고 잘 풀어주는 걸 잊지 마세요. 그래야 물감이 구멍을 통해 나올 때 균일하게 나옵니다.

QR 코드를 스캔하면 관련 영상을 볼 수 있어요!

영상을 따라, 다시 한번
펜듈럼 페인팅을 그려 보아요.

종이 교각

교각은 그 자체의 무게뿐만 아니라, 다리를 건너는 사람들과 차량의 무게를 지탱할 만큼 튼튼해야 합니다. 토목 공학자와 건축 공학자는 교량 건설에 사용되는 재료는 물론, 형태까지도 고려해야 합니다. 이 활동에서, 여러분은 구조물의 강도에 있어서 형태가 얼마나 중요한지 배우게 될 것입니다.

활동 순서

1 비닐 지퍼백에 동전들을 넣고 밀봉합니다.

● 종이 교각 만들기

1 책을 쌓아서 동일한 높이의 책 더미 2개를 만들고, 책 더미 사이에 15cm의 간격을 둡니다.

2 두 책 더미 위에 두꺼운 도화지 한 장을 다리처럼 걸쳐 놓습니다. 동전 지퍼백을 종이 위에 올립니다. 어떻게 되나요?

3 우리의 목표는, 이 한 장의 종이로 다리를 만들어서 100개의 동전을 지탱하는 것입니다. 종이를 어떻게 접어야 할까요? 또는 돌돌 말아야 할까요? 종이의 형태를 만들 때 테이프를 사용해도 되지만, 종이와 책을 테이프로 붙여 연결해서는 안 됩니다.

4 이 단계에서 잠깐! 다음 단계를 읽기 전에 먼저 여러분 자신의 아이디어를 시도해 보세요.

활동 시간 15분

난이도 쉬움

공학 활동 키워드 토목 공학 건축 공학 중력

재료

- 동전 100개
- 비닐 지퍼백
- 책 4~6권
- 자
- 두꺼운 도화지
- 테이프

● 종이 교각 시험하기

1 여러분의 아이디어를 시도해 봤다면, 이제 종이 한 장의 긴 쪽을 잡고 굴려서 테이프로 고정합니다. 긴 원통형의 종이 튜브가 완성됐죠? 이 종이 튜브를 두 책 더미 위에 걸쳐 놓고, 그 위에 동전 지퍼백이 양쪽으로 늘어지도록 걸쳐 놓습니다.

2 이번에는 종이를 길게 반으로 접은 다음, 종이가 W자 모양이 되도록 접어서 동전 지퍼백을 올려 봅니다.

☑ 왜 그럴까요?

평평한 종이 교각은 맥없이 무너졌지만, 종이를 접거나 굴리면 종이의 강도가 증가하여 무게를 지탱할 수 있는 다리가 됩니다. 종이를 W자 모양으로 접으면 연속된 삼각형 구조가 만들어집니다. 삼각형은 가장 강력한 구조를 형성하므로 다리를 더 튼튼하게 만드는 데 도움이 됩니다.

🔬 STEAM 연결고리

이 토목 공학 활동에서는 동전의 무게와 동전에 가해지는 중력을 다루는 과학 ⑤을 사용합니다. 여러분은 또한 종이 교각을 디자인하면서 예술 Ⓐ을, 무게를 다룰 때 수학 Ⓜ을 사용합니다.

➕ 좀 다르게 해볼까요?

여러분의 다리가 지탱할 수 있는 무게는 얼마나 될까요? 지퍼백에 동전을 더 넣어서 다리의 강도를 시험해 보세요.
이번에는 책 더미의 간격을 더 넓게 해보세요. 동전 100개를 지탱하는 더 긴 다리를 만들 수 있나요?

미니 댐

⚠️ 어린이 혼자 하면 위험해요. 어른과 함께 실험해 보아요!

사람들은 귀여운 동물, 비버를 타고난 공학자라고 부릅니다. 현실의 공학자들도 비버처럼 댐을 설계하고 건설할 때, 흐르는 물의 압력을 충분히 버틸 수 있는 강도로 만들어야 합니다. 이 활동에서 여러분은 댐을 건설할 때 무엇이 필요한지 배우게 됩니다.

 활동 시간 **30분**

⭐ **난이도** 보통

 공학 활동 키워드
토목 공학　하중
수압(물의 압력)

 활동 순서

● 강과 댐 만들기

1　알루미늄포일로 1m 길이의 작은 강을 만듭니다. 포일을 1m 정도 잘라낸 뒤, 양옆을 높이 2.5cm 정도로 접어 올립니다. 포일을 2장 겹치면 좀 더 튼튼한 강을 만들 수 있습니다.

2　나뭇가지, 자갈, 나뭇잎을 이용하여 강 한가운데에 댐을 만듭니다.

> ❗경고　이 활동은 사방을 어지럽힐 수 있으므로 가능하면 실외에서 하길 바랍니다.

● 댐 시험하기

1　앞서 만든 알루미늄포일 강 한쪽 끝에서 호스로 물을 부드럽게 흘려 댐을 시험해 봅니다(호스가 없으면 양동이에 담은 물을 천천히 부어 줍니다). 댐이 무너지지 않고, 잘 견디고 있나요? 물이 흘러가는 것을 잘 막아주나요?

   재료

➡ 알루미늄포일
➡ 나뭇가지들
➡ 자갈 여러 개
➡ 나뭇잎 여러 개
➡ 점토
➡ 수돗물과 호스(또는 양동이)

● 댐 보강하기

1   댐에 필요한 것들을 보강할 차례입니다. 점토를 사용하여 댐의 틈새를 메꾸어 줍니다.

2   물을 부어서 댐을 다시 시험해 봅니다. 계속 보강하면서 튼튼한 댐을 완성합니다.

☑ 왜 그럴까요?

물은 댐에 엄청난 힘(무게)을 가합니다. 댐은 자체의 하중뿐만 아니라 물의 힘까지 막아낼 만큼 튼튼해야 합니다. 동물 중 가장 훌륭한 댐 건설 박사인 비버는 물이 비교적 완만하게 흐르는 곳에 나뭇가지로 댐을 건설하여 물의 힘에 대처합니다. 토목 공학자들은 콘크리트와 같은 단단한 재료들로 댐이 엄청난 양의 물로부터 끄떡없이 버틸 수 있는 강력한 토대를 갖추게 설계하여 온갖 압력과 무게에 대처합니다.

🔬 STEAM 연결고리

이 토목 공학 활동에서 우리는 힘과 관련된 과학 ⑧ 을 이용하고 있습니다. 또한 댐을 디자인하는 창의적인 방법을 생각하면서 예술 ④ 을 사용합니다.

➕ 좀 다르게 해볼까요?

댐의 형태가 댐의 기능과 관련이 있을까요? 곡선 형태와 직선 형태의 댐은 어떻게 다를까요?

나무 블록이나 도미노 블록을 점토와 함께 사용하여 댐을 만들어 보세요. 처음에 만든 천연 댐(자갈, 나뭇잎, 나뭇가지로 만든 댐)과 비교했을 때 더 효과적인가요?

세계적으로 유명한 미국의 후버댐(Hoover dam)입니다. 미국 경제 대공황 당시 경제 부흥을
위해 지어졌습니다. 세계적인 관광지인 라스베이거스의 발전을 이끌었지요.

직업의 모든 것: 상상만 하던 바닷속 용궁을 현실로! 해양공간건축공학

여러분은 별주부전 전래동화를 알고 있나요? 동화에 등장하는 자라는 바닷속 용왕님을 위해 토끼의 간을 찾으러 육지로 올라오죠. 동화 속에만 나오던 용궁, 그리고 바다 위에 집을 짓고 사는 상상까지. 미래엔 이 모든 게 실현될지도 몰라요. 바닷속과 바다 위에 도시를 건설하는 꿈을 꾸는 학과, 해양공간건축공학을 알아볼까요?

해양공간건축공학에선 기존 건축학을 바탕으로 해양 분야에 특성화된 교과과정과 연구를 통해 해양건축 분야 전문가를 양성해 내고 있다고 해요. 건축분야에 대한 깊은 이해는 물론이고 바다와 해양 환경에 대한 방대한 전문성을 갖추기 위한 교육이 중심이 되죠. 부경대학교를 포함한 국내 몇몇 대학에 관련 학과가 있는데, 부산에 위치한 한국해양대학교는 해양공간을 활용하는 건축교육 프로그램을 운영하는 국내 유일의 대학이라고 합니다.

지구의 인구는 점점 늘어가고, 한정된 육지에 건축 공간은 부족해지고 있어요. 엎친 데 덮친 격으로 지구 온난화로 해수면은 점점 높아져 바다에 잠기는 섬이 많아지고 있죠. 미래엔 이 모든 게 가속화될 거예요. 바다의 중요성이 커져가는 지금, 해양 건축을 꿈꿔보는 건 어떨까요?

레몬 배터리

 어린이 혼자 하면 위험해요. 어른과 함께 실험해 보아요!

교과 연계: [과학] 6학년 2학기 5단원
에너지 생활 – 과일 전지 만들기

주변을 한번 둘러보세요. 주위에 배터리(전지)를 사용하는 물건이 있나요? 배터리는 손전등, 시계, 스마트폰 등 정말 다양한 곳에 사용됩니다. 이 활동에서는 전기 공학 지식을 활용해, 레몬 배터리를 만들고 배터리가 어떻게 작동하는지 배울 것입니다.

참고 우리나라 동전은 1원, 5원, 10원, 50원, 100원, 500원 총 여섯 종류입니다. 주로 구리, 니켈, 아연, 알루미늄 등의 소재로 만드는데 동전마다 소재 함유량이 다릅니다. 500원과 100원은 구리(75%)와 니켈(25%)로 이루어졌고, 50원은 구리(70%)와 아연(18%), 니켈(12%)로 이루어졌습니다. 10원은 구리(48%)와 알루미늄(52%), 5원은 구리(65%)와 아연(35%), 1원은 알루미늄(100%)으로만 구성되어 있습니다. 이번 활동에서는 구리 함유량이 높은 동전을 사용해야 하므로 되도록이면 500원과 100원, 50원짜리 동전을 사용하세요.

 30분
활동 시간

 어려움
난이도

 전기 공학   전해질
공학 활동   전극   전기전도
키워드

 재료

➡ 레몬 6개

➡ 동전 6개(어떤 동전이건 상관없지만, 구리 함유량이 높아야 합니다. 500원, 100원, 50원이 적절합니다.)

➡ 비눗물

➡ 날카로운 칼

➡ 못 6개
(아연이 도금된 것으로 준비해 주세요)

➡ 악어 클립 케이블 7개
(자동차 부품점, 전기 부품점 또는 인터넷에서 쉽게 구매할 수 있습니다)

➡ 미니 5mm LED 전구

 활동 순서

● 레몬 배터리 만들기

1 아직 레몬은 자르지 않습니다. 레몬들을 살짝 누른 채 굴려서, 내부에 즙이 흐르게 만듭니다. 레몬즙의 산은 LED 전구를 밝힐 만큼 강한 배터리가 될 수 있습니다.

2 동전을 비눗물에 담가서 깨끗하게 씻어 줍니다.

3 보호자 각각의 레몬에 1.3cm 길이로 칼집을 냅니다. (레몬이 크면 4개 만으로도 배터리를 만들 수 있습니다. 일단 4개로 만들어보고 나중에 추가해도 됩니다.)

4 레몬의 칼집에 각각 동전 하나씩을 끼워 줍니다. 동전이 반 정도 레몬에 잠기게 꾹 눌러 주세요.

5 동전이 끼워진 곳에서 2.5cm 떨어진 지점, 레몬에 못을 박습니다. 이때, 못은 레몬 밖으로 1.3cm 정도만 나와있게 합니다.
다른 레몬들도 3~5번의 과정을 반복하여 만들어 둡니다.

6 레몬들을 서로 연결하기 좋게, 둥글게 배열합니다.

> ⚠ 경고 날카로운 칼을 사용할 때는 어른의 감독이 필요합니다.
> 전기를 다루는 활동입니다. 저전력일지라도, 감전의 위험이 있으므로 어른의 감독이 필요합니다.

● 배터리 연결하기

1 첫 번째 레몬에 꽂힌 동전에 악어 클립 하나를 꽂고, 반대쪽 악어 클립은 옆에 있는 레몬의 못에 꽂아 줍니다.

2 같은 방식으로 레몬들을 차례로 연결합니다. 마지막 레몬에서 악어 클립을 동전에 연결한 다음, 못에는 연결하지 마세요. 그 대신, 또 다른 악어 클립을 마지막 레몬의 못에 꽂아 줍니다. 그러면 악어 클립 2개가 연결되어 있지 않은 상태가 됩니다.

3 이제 이 클립 2개를 LED 전구에서 나온 2개의 도선에 각각 연결합니다(이것은 전구의 양극입니다). 단, 동전과 연결된 클립을 둘 중 긴 도선에 꽂아야 합니다. 이제 전구를 자세히 보세요. 전구가 켜졌나요?

● 불량 배터리 고치기

1 전구가 켜지지 않았다면, 클립을 풀고 반대로(앞서 연결한 도선과는 반대로) 연결해 봅니다. 그래도 전구가 켜지지 않으면 전체 연결 상태를 확인합니다. 클립이 단단히 고정되어 있는지, 동전과 못이 레몬에 충분히 들어가 있는지, 못이 레몬과 닿아 있지 않은지도 확인합니다. 만약 레몬 4개로 시작했다면 레몬을 하나 더 추가합니다.

☑️ 왜 그럴까요?

배터리가 작동하려면 전해질(electrolyte) 속에 담긴, 분리된 2개의 전극(elec-trode)이 있어야 합니다. 배터리에서 레몬즙은 전해질이고, 못과 동전은 전극의 역할을 합니다. 레몬 내부에서 전극이 레몬즙과 만나면 화학 반응이 일어납니다. 이러한 반응은 한 전극에서 다른 전극으로 이어지는 클립의 전선을 타고 전력을 생산합니다. 각 레몬은 한 개의 배터리인 셈이므로, 4개의 레몬을 사용했다면 4개의 배터리를 만든 셈입니다.

참고 전해질이란?

물에 녹였을 때 전류를 흐르게 하는 물질을 전해질이라고 합니다. 이번 공학 활동에서는 바로 레몬즙이 전해질 역할을 하죠. 모든 전해질은 물에 녹았을 때 전류를 흐르게 할 수 있는 이온으로 나뉩니다. 양이온(+)과 음이온(-)으로 나뉘어 전류가 흐르게 되죠.

참고 전극이란?

전극은 전기가 드나드는 양쪽 끝을 말합니다. 전지의 양 끝인 양극과 음극이 바로 전극이죠. 전원(전기/전류의 근원지)으로부터 전류를 내보내고 전자를 받아들이는 극을 양극(+극), 반대로 전류가 들어오고 전자를 내보내는 전극을 음극(-극)이라고 합니다. 전극은 일반적으로 금속 재질의 도체입니다.

⚙️ STEAM 연결고리

여러분은 이 전기 공학 활동에서 화학 반응과 관련된 과학 ⑤ 을 사용합니다. 또한 여러분이 만들어낸 배터리는 기술 ⓣ 의 한 형태입니다.

➕ 좀 다르게 해볼까요?

다른 과일이나 야채도 전기를 생산할 수 있을까요? 오렌지, 사과, 감자로도 활동해 보세요.

다른 금속을 전극으로 사용해 보세요. 이번 활동에서 사용한 동전들 대신에 10원이나 1원 동전(이 동전들은 구리 함유량이 낮습니다)들로 시도해 보세요.

또한 아연이 도금된 못 대신, 다른 못을 사용할 수도 있습니다.

직업의 모든 것: 배터리 공학자

이번 공학 활동에서 여러분은 레몬을 전원으로 하여 전기를 사용하는 경험을 했습니다. 이처럼 화학에너지를 전기에너지로 변환하여 전기를 공급하는 전원을 배터리(전지)라고 합니다.

2019년, 리튬이온배터리를 개발한 세 명의 과학자가 노벨 화학상을 수상했습니다. 자동차를 대체할 전기자동차에게 필수적인 요소인 배터리 성능에 이들이 공헌하였기 때문입니다. 기후 변화의 위협에 대응하기 위해 탄소 배출을 줄여하는 상황에서 배터리의 역할은 작지 않습니다. 또한, 누구와도 쉽게 연결되는 초연결 사회를 만드는 데도 전자기기 안에 숨겨진 배터리의 역할이 큽니다.

배터리는 여러분의 미래 세상을 바꾸고 있습니다. 그러나 현재 여러 문제가 있지요. 성능 외에도 배터리 재활용 기술의 개발이나 비싼 리튬 대신에 값싼 나트륨 등의 대체 배터리 개발 등 앞으로 필요합니다. 여러분이 직접 참여해 보는 건 어떨까요?

45

도르래 리프트

도르래는 무거운 물건을 당기거나 들어 올리는 데 사용됩니다. 국기 게양대나 창문의 블라인드, 크레인, 엘리베이터 등 우리는 주변에서 어렵지 않게 도르래를 발견할 수 있습니다. 이 활동에서는 간단한 도르래를 만들고, 그 작동 방식을 알아봅니다.

 15분
활동 시간

쉬움
난이도

 기계 공학   도르래
공학 활동
키워드   리프트

활동 순서

1   무거운 양동이를 한 손으로 들어보세요. 들기 어렵다고요? 도르래를 이용하면 쉽게 들 수 있을 거예요!

● 도르래 장치 만들기

1   의자 두 개를 약간의 간격을 두고 서로 등지게 배치하고, 사이에 양동이를 놓아둡니다.

2   두 의자에 빗자루 손잡이나 긴 막대를 걸쳐서 균형을 잡습니다.

3   의자에 걸쳐둔 빗자루 손잡이에 휴지심을 끼워서, 두 의자의 중앙 즉, 의자 사이에 걸쳐둔 막대의 중앙에 오도록 합니다. 튼튼한 알루미늄 포일의 빈 심이 가장 좋지만, 일반 휴지심도 괜찮습니다.

4   밧줄 한쪽 끝으로 양동이 손잡이를 동여매고, 양동이를 휴지심 바로 아래에 놓아둡니다. 밧줄의 반대쪽을 휴지심 너머로 걸칩니다.

5   이제 걸쳐진 밧줄을 잡아당겨 양동이를 들어보세요.

 재료

➜ 무거운 것(모래나 자갈)으로 가득 채운 양동이

➜ 똑같은 의자 2개

➜ 빗자루나 긴 막대

➜ 빈 휴지심

➜ 밧줄(빨래줄과 같이 양동이 무게를 충분히 견딜 수 있는 것으로)

☑ 왜 그럴까요?

보통의 도르래는 밧줄이 감겨진 여러 개의 바퀴로 이루어져 있습니다. 우리는 바퀴 대신 휴지심을 사용했습니다. 여러분이 활동에서 만든 간단한 도르래는, 물체를 들어올릴 때 필요한 힘의 방향을 뒤집는 역할을 합니다. 팔로 양동이를 직접 들어올리는 것보다, 온몸의 무게를 이용해서 밧줄을 끌어내리는 것이 훨씬 수월하기 때문입니다.

STEAM 연결고리

이 기계 공학 활동에서는 양동이를 들어 올리는 데 필요한 힘과 에너지를 다루면서 과학 ⑤ (물리학)을 사용합니다. 또한 도르래는 기술 ⑪의 한 형태입니다.

➕ 좀 다르게 해볼까요?

양동이가 도르래 바로 아래에 있지 않은 상태에서 밧줄을 당기면 어떻게 될까요? 양동이를 도르래보다 멀리 두고 밧줄을 잡아당겨 보세요.

빗자루와 휴지심, 의자를 하나씩 더 추가해서 '쌍 도르래'를 만들 수 있을까요? (힌트: 밧줄이 첫 번째 휴지심을 넘어 두 번째 휴지심 아래로 가게 되면, 밧줄을 위로 잡아당겨야 합니다)

휴지심이 하나일 때와 두 개일 때, 어느 쪽이 양동이를 더 쉽게 들어 올리게 하나요?

신나는 집라인

높은 곳에서 긴 줄을 타고 멋지게 내려오는 만화 또는 영화 주인공을 본 적 있나요? 어떻게 그렇게 할 수 있는지 궁금하지 않았나요? 아마 집라인을 사용했을 거예요. 이 활동에서는 여러분 만의 집라인을 만들고 그 작동 원리를 직접 시험해 봅니다.

자유롭게 높은 곳을 가로지르는 집라인

활동 시간 **20분**

난이도 **쉬움**

공학 활동 키워드

기계 공학	도르래
마찰력	중력	질량

재료

- 테이블이나 의자 또는 냉장고
- 줄자
- 가위
- 실
- 자
- 빨대 (또는 빈 휴지심)
- 테이프
- 작은 상자(장난감이 들어갈만한 크기의 상자로 준비하세요)
- 파이프 클리너(모루)
- 작은 장난감(인형)
- 동전 여러 개

 ## 활동 순서

● 집라인 선로 만들기

1 우선 집라인의 출발 위치를 정합니다. 테이블 위나 의자 등받이, 또는 냉장고 위도 좋습니다. 그다음, 집라인이 착륙할 장소를 정합니다. 의자의 앉는 곳이나 마룻 바닥처럼 낮은 곳이어야 합니다.

2 줄자로 집라인의 출발점과 도착점 간의 거리를 잽니다.

3 이 거리보다 15cm 더 길게 실을 자릅니다. 이렇게 실 길이에 여유가 있어야, 실을 출발점과 도착점에 묶었을 때 팽팽하게 됩니다.

4 실 끝을 출발점에 묶거나 테이프로 붙여 고정합니다.

5 빨대를 5cm 길이로 자르고, 실의 반대쪽 끝을 빨대에 통과시켜 실에 빨대를 꿰니다.

6 실 끝을 도착점에 묶거나 테이프로 붙여 고정합니다. 집라인(실)이 팽팽한지 확인합니다.

● 집라인에 상자 설치하기

1 상자 안에 장난감을 넣을 수 있도록 윗면을 열어 둡니다.

2 상자를 매달기 위해, 파이프 클리너의 양 끝을 상자의 양쪽 옆면에 각각 테이프로 붙입니다. 이 파이프 클리너의 중심을 실에 꿰어둔 빨대에 단단히 붙여 고정합니다.

● 집라인 시험하기

1 장난감을 상자 안에 넣고 집라인의 출발점으로 끌어올립니다. 손을 떼서 출발시키고, 어떻게 되는지 관찰합니다.

2 이번에는 상자에 동전 몇 개를 더 넣어서 다시 내려보냅니다. 무거워진 집라인이 어떻게 달라지나요?

☑ 왜 그럴까요?

기본적으로 집라인은 선로가 끝나는 도착점보다 출발점이 높아야 합니다. 집라인은 경사진(slope) 선로와 중력으로 인해 움직이기 때문입니다. 또한 대부분의 집라인은 선로와 집라인 사이의 마찰력을 줄이기 위해 바퀴를 사용합니다. 여러분은 바퀴 대신 빨대(혹은 휴지심)로 마찰력을 줄인 것입니다.

🔬 STEAM 연결고리

이 활동에서는 중력과 질량(mass), 그리고 마찰력이라는 과학 ⑤ (물리학)의 원리를 사용합니다. 집라인을 만들기 위해서 가위와 테이프 기술 ⑪을 사용하며, 집라인 그 자체도 기술의 한 형태입니다. 여러분은 실의 길이를 잴 때 간단한 수학 ⑩을 사용하지만, 실제 공학자들은 집라인을 설계할 때 집라인 자체의 질량과, 선로가 지탱할 수 있는 질량을 포함해 집라인으로 움직일 수 있는 무게를 계산하기 위해 수학을 사용합니다.

➕ 좀 다르게 해볼까요?

집라인 상자에 동전을 몇 개 더 추가해 보세요. 어떻게 될까요?
출발점을 더 높게 해서 집라인의 기울기(경사)를 더 가파르게 하면 집라인의 속도가 어떻게 달라질까요?

페인팅 로봇

그림 그리는 걸 좋아하나요? 예술을 창조해 내는 나만의 로봇을 만들 수 있다면 어떨까요? 이 활동에서는 그림을 그릴 수 있는 로봇을 만듭니다. 컴퓨터 프로그래밍으로 제어하는 진짜 로봇은 아니지만, 로봇 공학의 세계에 대해서 알게 해줄 것입니다.

 ## 활동 순서

● 로봇 만들기

1. 백업 스펀지 막대를 15cm 길이로 자릅니다.

2. 이 스펀지 막대에 사인펜을 장착할 것입니다. 고무줄을 활용해서 3개의 사인펜이 같은 간격을 유지하도록 스펀지 막대에 동여맵니다. 이때 사인펜의 펜촉이 스펀지 막대의 끝보다 2~3cm 더 내려오게 동여매서, 마치 사인펜이 페인팅 로봇의 다리가 된 것처럼 만들어야 합니다. 사인펜 뚜껑을 열어야 한다는 점 잊지 마세요!

● 로봇에 모터 달고 페인팅하기

1. 전동 칫솔을 켜고, 칫솔모가 바닥의 종이에 닿도록 스펀지 막대 가운데 구멍 위에서 아래로 밀어 넣습니다. 칫솔모가 앞서 스펀지 막대에 동여맨 사인펜과 같은 방향을 향해, 같은 높이어야 합니다!

2. 도화지 위에 사인펜이 닿도록 로봇을 세웁니다.

3. 로봇이 종이 위를 가로지르며 사인펜의 궤적을 그리면 성공입니다.

20분

활동 시간

보통

난이도

로봇 공학   전기 공학

공학 활동
키워드

 ## 재료

➡ 가위

➡ 백업 스펀지 막대(가능하면 지름이 큰 것으로 준비하고 반으로 잘랐을 때, 가운데 홈이 있어야 합니다)

➡ 고무줄

➡ 사인펜이나 유성 마커 여러 개 (다양한 색상으로 준비하면 더 좋아요!)

➡ 자

➡ 도화지

➡ 전동 칫솔(저렴하고 작고 가벼운 것)

☑ 왜 그럴까요?

페인팅 로봇을 제작하는 방법에는 여러 가지가 있지만, 이번 활동에서는 제 맘대로 움직이는 불균형 모터에 의해 움직이는 방법을 사용했습니다. 전동 칫솔의 모터가 진동함에 따라 로봇이 움직이고, 로봇에 부착된 사인펜이 도화지에 궤적을 남기게 됩니다.

STEAM 연결고리

이 전기 공학 활동에서는 로봇에 동력을 제공하기 위해 전동 칫솔이라는 기술 ❶을 적용합니다. 페인팅 로봇은 나만의 다채로운 작품을 만들어내는 창조적인 예술❹ 활동입니다.

➕ 좀 다르게 해볼까요?

백업 스펀지 막대에 동여맨 사인펜을 지금의 위치보다 높게 혹은 낮게 동여매면 어떻게 되나요?
페인팅 로봇에 다른 그림 도구를 붙일 수 있나요? 사인펜 대신 크레용이나 분필 또는 물감 붓을 사용해서 그리게 해 보세요.

직업의 모든 것: 로봇 공학자

20~30년 뒤, 여러분이 어른이 되면 지금보다 훨씬 더 많은 로봇을 일상에서 만날 수 있을 거예요. 우리의 현재, 그리고 미래를 함께 할 로봇에 관심이 있다면 로봇 공학자를 꿈꾸는 건 어떨까요?

로봇 공학자는 산업용이나 의료용, 혹은 실생활에 이용할 수 있는 로봇을 개발하고 제작하는 일을 담당합니다. 로봇의 구성요소를 연구·개발하고 이를 조립하여 하나의 단일 로봇으로 제작합니다. 최적의 방법으로 공장의 생산설비를 자동화하기 위해 전기, 전자, 기계장치를 자동화하는 설비를 연구·개발하기도 합니다.

로봇 공학자가 되기 위해서는 대학에서 기계 공학이나 로봇 공학과 관련된 학과를 전공하는 것이 좋습니다. 요즘에는 로봇 교육을 특성화하여 가르치는 로봇고등학교도 개교되어 있어서 고등학교에서부터 로봇 설계, 운영, 제어, 디자인 등의 지식을 습득할 수 있습니다. 관련된 국가 공인 자격증은 없으나 민간 자격증으로는 로봇기술자격증이 있습니다.

QR 코드를 스캔하면 관련 영상을 볼 수 있어요!

영상을 통해 더욱 생생히 로봇 공학자에 대해 알아 보아요.

코르크 나침반

⚠️ 어린이 혼자 하면 위험해요. 어른과 함께 실험해 보아요!

교과 연계: [과학] 3학년 1학기 4단원
자석의 이용 – 나침반 만들기

옛날 옛적에, 선원들은 별자리의 도움을 받아 바다를 항해했습니다. 자석 나침반은 구름이 별을 가려도 배가 나아갈 방향을 결정할 수 있게 해준 중요한 발명품이었습니다. 이 활동에서는 나침반을 직접 설계하고 작동 방식을 살펴봅니다.

 15분
활동 시간

 보통
난이도

 자기장　자석
공학 활동 키워드　자성　마찰력

 재료

활동 순서

1. 얇은 그릇에 물을 반쯤 채웁니다.

2. 코르크 조각을 6~7mm 두께로 잘라서 납작한 코르크 조각을 만듭니다.

3. 바늘을 자석에 일정한 방향으로 30번 이상 문지릅니다. 문지른 후에 자석은 활동하는 곳으로부터 멀리 치워 둡니다.

4. 코르크 조각 위에 바늘을 테이프로 붙인 후, 물이 담긴 그릇 한가운데에 조심스럽게 띄웁니다. 코르크 조각 위에 붙인 바늘이 물에 잠기지 않게, 하늘을 향해 띄워야 합니다.

5. 코르크 조각과 바늘이 움직임을 멈추면, 바늘 끝이 향한 방향이 북쪽이 맞는지 나침반을 보고 확인합니다. 북쪽을 향하고 있는 바늘 끝을 유성 마커로 표시합니다.

6. 이제 여러분만의 나침반이 완성됐습니다!

- ➡ 얇은 그릇
- ➡ 물
- ➡ 가위
- ➡ 코르크
- ➡ 자석
- ➡ 바늘
- ➡ 테이프
- ➡ 나침반
  (스마트폰 애플리케이션도 좋습니다)
- ➡ 유성 마커

⚠️ 경고　바늘은 매우 날카로우니 다룰 때 주의해야 합니다.
자석은 어린이에게 위험할 수 있습니다. 자석, 컴퓨터 및 스마트폰과 같은 전자 장치로부터 아이들이 떨어져 있게 하세요.

바늘을 자석에 문지르면 일시적으로 약한 자성을 띄게 됩니다. 자석이 된 바늘은, 자석끼리는 서로 반응하기 때문에 지구의 자기장에 따라 움직입니다. 나침반이 스스로 움직일 수 있도록 바늘을 물에 띄워 바닥과의 마찰력을 줄인 것입니다.

🧪 STEAM 연결고리

이 공학 활동은 자석의 영향과 마찰력을 다루는 과학 ⑤ 을 사용합니다. 여러분이 만든 나침반은 기술 ⓣ 의 한 종류입니다.

➕ 좀 다르게 해볼까요?

나침반 가까이에 자석을 대보세요. 어떻게 되나요?
세기가 다른 여러 종류의 자석을 갖고 있다면, 나침반 몇 개를 더 만들어 보세요. 나침반들이 어떻게 다른가요?

여기서 잠깐! 알아두면 쓸모 있는
지식 모아보기

나침반의 N극은 왜 항상 북쪽을 가리키고 있을까요?

나침반의 빨간색 바늘인 N극은 늘 북쪽을 가리킵니다. 덕분에 나침반을 보면 동서남북 방향을 알 수 있죠. 나침반의 N극이 늘 북쪽을 가리키는 건 지구의 북극이 S극을 띄기 때문입니다. 지구는 하나의 커다란 자석과도 같습니다. 북극은 S극, 남극은 N극을 띄고 있지요. 자석이 같은 극끼리는 서로 밀어내고 다른 극끼리는 서로 잡아당기는 건 모두 알고 있죠? 나침반의 방향을 알려주는 바늘은 작은 자석입니다. 때문에 나침반의 N극은 S극을 띄는 북극을 향하고 S극은 N극을 띄는 남극을 향하게 됩니다.

폼폼 폭죽

 어린이 혼자 하면 위험해요. 어른과 함께 실험해 보아요!

컨페티 폭죽(잘게 자른 색종이를 뿌리는 파티 용품)을 사용해 본 적 있나요? 끈을 당기면 색종이 조각들이 공중에 흩뿌려지면서 파티의 분위기를 한껏 고조시킵니다. 이번 활동에서는 컨페티나 폼폼 폭죽을 직접 만들어 봅니다. 에너지와 운동을 재미있게 배울 수 있는 기회입니다.

 10분
활동 시간

쉬움
난이도

 기계 공학 　관성의 법칙
공학 활동 키워드 　위치에너지 　운동에너지

생일 축하 파티처럼 무언가를 축하할 땐 컨페티 폭죽이 빠질 수 없죠!

 재료

➡ 풍선
➡ 가위
➡ 빈 휴지심
➡ 강력 컬러 테이프
➡ 폼폼

 활동 순서

● 휴지심 폭죽 만들기

1 불지 않은 풍선 입구를 묶어 줍니다.

2 풍선의 반대쪽 끝부분을 가위로 살짝 잘라냅니다.

3 휴지심 끝에 풍선을 씌우고(2번에서 잘라낸 부분을 씌워주세요) 강력 컬러 테이프로 붙여줍니다.

4 이때 휴지심(폭죽)의 나머지 부분도 테이프로 장식하면 좋습니다.

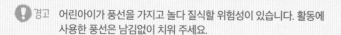

경고 어린아이가 풍선을 가지고 놀다 질식할 위험성이 있습니다. 활동에 사용한 풍선은 남김없이 치워 주세요.

● 폼폼으로 시험하기

1 휴지심 폭죽에 폼폼들을 넣어서 풍선 속으로 떨어뜨립니다.

2 한 손으로 폭죽을 잡고, 다른 손으로 풍선을 뒤로 한껏 당겼다가 한 번에 놓아 보세요.

3 폼폼이 튕겨 나오나요?

☑ 왜 그럴까요?

이 활동은 뉴턴의 제1 운동 법칙(관성의 법칙)을 보여주는 좋은 활동입니다. 물체에 작용하는 힘이 없다면 정지 상태의 물체는 계속 정지 상태를 유지합니다. 폭죽 안의 폼폼은 정지된 상태로 있지만, 풍선을 당겼다 놓는 순간 풍선의 힘으로 움직입니다. 풍선의 위치에너지가 운동에너지로 전환되는 좋은 예입니다.

🧪 STEAM 연결고리

이 기계 공학 활동에서 여러분은 뉴턴의 제1 운동 법칙뿐만 아니라 위치에너지와 운동에너지라는 과학 ⑤ 의 원리를 이용합니다. 또한 가위와 테이프 기술 ⓣ 을 사용하여 폼폼 폭죽을 만들고, 휴지심을 장식하면서 예술 ④을 사용합니다.

➕ 좀 다르게 해볼까요?

풍선을 잡아당기는 힘이 폼폼의 움직임에 어떤 영향을 미칠까요? 풍선을 최대한 힘껏 당겨서 해 보고, 살짝만 당겨서도 해 보세요. 또 풍선을 비스듬하게 당겨 보세요.

폼폼의 크기는 날아가는 거리와 관계가 있을까요? 작은 폼폼을 넣은 폭죽과 큰 폼폼을 넣은 폭죽을 만들어서 비교해 보세요.

빨래집게 천칭

 어린이 혼자 하면 위험해요. 어른과 함께 실험해 보아요!

여러분은 줄타기하는 사람이 떨어지지 않고, 어떻게 팽팽한 줄 위를 걸을 수 있는지 궁금해한 적이 있나요? 줄 위에서 균형을 유지하려면, 무게중심이 팽팽한 줄의 수직 위치에 있어야 합니다. 건축가들과 토목 공학자들은 고층 빌딩과 같은 구조물을 설계하고 건설할 때 무게중심을 다룹니다. 여러분은 이 간단한 활동으로 무게중심에 대해 배우고, 친구나 가족들을 깜짝 놀라게 할 수 있습니다.

 10분
활동 시간

보통
난이도

기계 공학 무게중심
수평 잡기
공학 활동 키워드

 재료

- 나무 막대
- 파이프 클리너
- 빨래집게 2개

 ## 활동 순서

1 먼저 손가락 위에 나무 막대 끝부분을 올려서 균형을 잡아 보세요. 잘 안되지요? 하지만 곧 할 수 있게 됩니다.

● **나무 막대에 무게 더하기**

1 파이프 클리너를 반으로 접었다 펴서 중심점을 찾아냅니다.

2 막대 끝에서 약 2~3cm 안쪽 지점에, 파이프 클리너의 중심점을 대고 양 방향으로 막대를 1~2바퀴 감아 줍니다.

3 막대 아래로 늘어진 파이프 클리너의 양쪽 길이가 서로 같은지 확인 합니다. 길이가 다르다면 가위로 잘라서 같은 길이로 만들어 줍니다.

4 빨래집게를 파이프 클리너의 양쪽 끝에 끼워 무게를 더해줍니다.

● 나무 막대 균형 시험하기

1 손가락 위에 (또는 다른 사람 손가락 위에), 막대의 파이프 클리너가 감긴 부분을 올려놓습니다.

2 막대가 균형을 잡을 수 있도록 파이프 클리너의 위치를 조금씩 옮겨가며 시험해 보세요.

☑ 왜 그럴까요?

여러분이 막대의 중앙이 아닌 끝 쪽으로 균형을 잡을 수 있게 된 것은 막대의 무게중심을 옮겼기 때문입니다. 원래 중간에 있던 막대의 무게중심이 파이프 클리너와 빨래집게의 무게가 더해져 끝 쪽으로 이동했고, 그 결과 막대의 끝으로 쉽게 균형을 잡을 수 있게 된 것입니다.

⚗ STEAM 연결고리

이 기계 공학 활동에서 여러분은 물체의 무게중심이라는 과학적 원리 ⑤ 를 사용합니다. 여러분은 또한 빨래집게라는 기술 ⓣ 을 사용하고 있는데, 빨래집게는 실제로 옷을 효과적으로 걸기 위해 지레를 변형한 기구입니다.

➕ 좀 다르게 해볼까요?

막대를 옆으로 돌려서도 앞선 활동처럼 손가락 위에서 균형을 잡을 수 있나요?

다른 재료로 바꿔서도 시험해 보세요. 나무 막대를 연필로 바꾸거나 빨래집게 대신 파이프 클리너의 끝을 살짝 구부려 양쪽에 동일한 열쇠고리 등을 걸어 보세요.

연필심 회로도

 어린이 혼자 하면 위험해요. 어른과 함께 실험해 보아요!

전구를 켜려면 무엇이 필요할까요? 재미있는 이번 활동에서는 실제로 조명을 켜는 예술 작품을 만들 수 있습니다. 이를 통해서 여러분은 기본적인 전기 회로(circuit)의 작동 방식을 이해하게 됩니다.

 ## 활동 순서

● 회로도 그리기

1 흰 종이에 연필로 반원을 그립니다. 원의 지름은 7~8cm, 선의 두께는 6~7mm로 그려 줍니다.

2 1번에서 그린 반원의 끝에서 6~7mm 간격을 두고, 나머지 반원을 그립니다. 즉, 반원과 나머지 반원 사이에는 두 개의 간격이 있는 것입니다.

활동 시간 **15분**

난이도 **보통**

공학 활동 키워드 전기 공학   전기 회로
전도체

재료

➡ 검은색(흑연) 미술 연필(4B 연필이 적당합니다)

➡ 흰 종이

➡ 투명 테이프

➡ 미니 5mm LED 전구

➡ 9V 건전지

● 전구와 건전지 연결하기

1 LED 전구를 두 회로(반원)의 틈새에 놓고, 전구의 전선을 양쪽 회로에 각각 테이프로 붙여 줍니다.

2 9V 건전지를 회로의 반대쪽 틈새에 놓고, 배터리를 뒤집은 채로(볼록 튀어나온 부분이 회로도에 닿도록) 양극 단자가 양쪽의 회로에 각각 닿도록 합니다.

3 전구에 불이 들어오나요? 안 되면 건전지를 180도 돌려, 앞서 회로도에 닿은 양극 단자와는 반대로 해 보세요.

> ⚠ 경고 전기를 다룰 때에는 어른의 감독이 필요합니다.

☑ 왜 그럴까요?

연필심을 구성하는 흑연은 전도체(conductor)이므로 전류가 흐릅니다. 회로도의 한쪽 틈새에 건전지를 놓고, 한쪽 틈새에 LED 전구를 연결하면 전기 회로가 완성됩니다. 건전지의 전기는 연필심을 따라 LED 전구로 이동하여 전구의 불을 밝힙니다.

🔧 STEAM 연결고리

이 전기 공학 활동에서는 과학 Ⓢ 을 사용하고 있으며, 건전지와 전구라는 기술 Ⓣ 을 사용하고 있습니다. 또한 원을 그리는 것은 예술 Ⓐ 활동이기도 합니다.

➕ 좀 다르게 해볼까요?

회로를 더 크게 만들어도 작동할까요? 종이에 더 커다랗게 그림을 그리고, LED 전구와 건전지가 들어갈 2개의 지점을 열어 둡니다.

2개의 LED 전구를 써서 회로를 작동시킬 수 있나요? 배터리와 LED 전구 2개의 위치를 생각해서 그림을 그려 보세요.

직업의 모든 것: 전기·전자공학과

정전을 경험해 본 적이 있나요? 갑자기 보고 있던 TV가 꺼지고 모든 불이 꺼져서 매우 당황스럽죠. 한여름에 정전이 발생한다면 시원한 에어컨과 선풍기가 꺼져 금세 더워지기도 하고요. 정전으로 불편을 겪어본 경험이 있다면, 전기와 전자기기가 우리 삶에 얼마나 큰 도움을 주고 있는지 잘 알 것입니다.

전기·전자공학과는 전기 분야에 대한 이론과 전자 분야에 대한 이론을 종합적으로 배우고, 실습을 통해 관련된 기술을 익히는 과정으로 교육과정이 구성되어 있습니다. 수학이나 물리학 등 수식 계산을 좋아하고 컴퓨터 다루는 것을 좋아하는 사람에게 유리합니다. 또한 평소 전기나 발전, 통신, IT, 컴퓨터와 같은 분야에 흥미가 있으면 좋습니다. 새로운 것에 호기심이 많거나 논리적으로 생각하는 능력이 있어도 좋은데, 만약 여러분이 새로운 전자기기를 궁금해하고 어떻게 작동되는지 알고 싶었던 적이 많다면 전기·전자공학과를 염두에 두는 건 어떨까요?

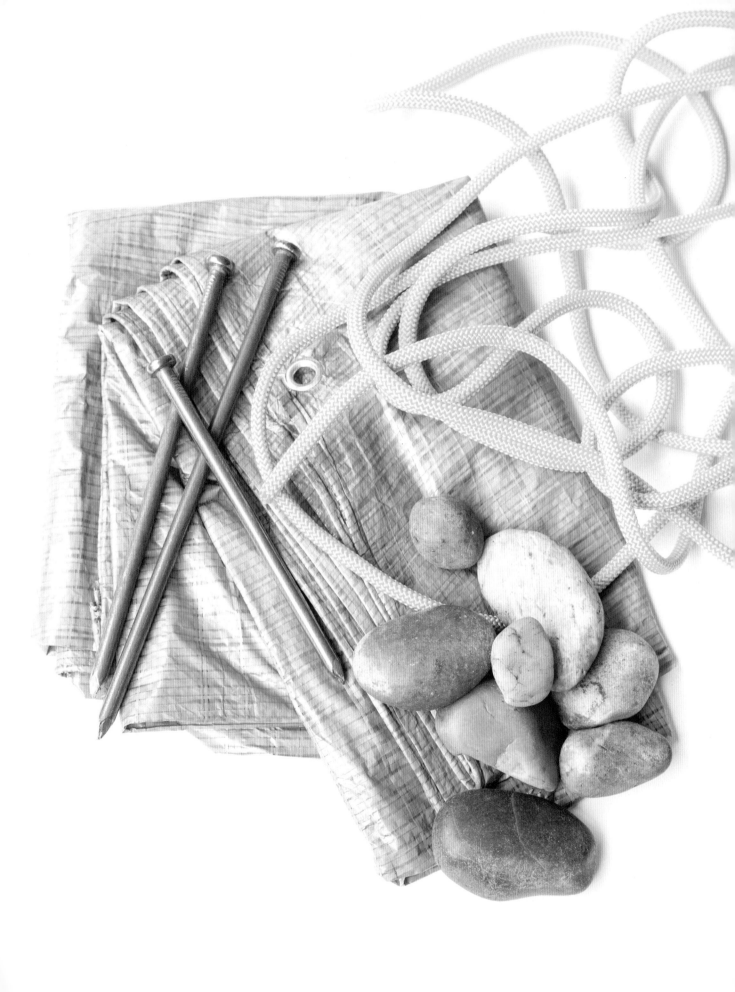

52

간이 대피소

여러분이 숲길을 걷다가 길을 잃었다고 상상해 보세요. 점점 어두워지면서 비가 내릴 것 같은데 비를 피할 텐트도 갖고 있지 않습니다. 다행히 도시락을 먹을 때 깔기 위해 방수 돗자리를 가져왔습니다. 이 공학 활동에서는 방수 돗자리로 간단하게 대피소를 만드는 방법에 대해서 배웁니다.

 활동 시간 **20분**

 난이도 **보통**

 공학 활동 키워드 **토목 공학** **조난 대처방안**

활동 순서

1 밧줄을 나무에 묶습니다. 묶는 지점이 그늘막의 꼭대기가 될 위치이므로, 지면에서 1m 정도 위가 적당합니다. (주변에 나무가 없으면, 그네나 빨랫줄의 기둥 같은 것으로 대신해도 좋습니다.)

2 옆에 있는 나무로 밧줄을 당겨서, 같은 높이로 묶습니다.

3 방수 돗자리를 밧줄에 걸쳐 놓습니다. 이때, 밧줄에 걸쳐진 돗자리가 양쪽으로 1m씩 늘어지도록 걸어야 합니다.

4 방수 돗자리의 한 쪽 끝을 지면에 고정합니다. 가장자리를 따라 자갈 여러 개를 올려놔서 고정시킬 수도 있고, 금속 텐트 말뚝이 있다면 말뚝으로 고정해도 좋습니다.

5 방수 돗자리의 다른 쪽도 펴서 같은 방식으로 고정합니다.

재료

● 밧줄(빨랫줄이나 텐트 설치용 로프와 같은 튼튼한 것으로 준비해 주세요)

● 서로 가까이 있는 2그루의 나무, 그네 또는 빨랫줄 기둥

● 방수 돗자리 혹은 방수포(2m × 2m 정도의 크기) 1개

● 자갈(중간 크기) 여러 개 또는 금속 텐트 말뚝

☑ 왜 그럴까요?

이렇게 그늘막을 삼각형 모양으로 만들면, 빗물이 방수 돗자리의 경사면을 따라 흘러내립니다. 따라서 빗물이 한 곳에 고여서 그늘막이 무너지는 상황을 방지할 수 있습니다. 그늘막의 적절한 경사면은 바람을 막는 데도 효과적입니다.

🔬 STEAM 연결고리

이 토목 공학 활동에서는, 비와 바람으로부터 여러분의 체온을 보호해줄 대피소를 짓는 데 과학 을 사용합니다. 방수 소재로 만든 방수 돗자리와 방수포 역시 기술 **T**의 한 형태입니다.

➕ 좀 다르게 해볼까요?

밧줄과 방수 돗자리로 지금처럼 양쪽이 아니라, 한 쪽만 개방된 대피소를 만들어 보세요. 밧줄을 두 번째 나무에 묶을 때는 지면에 가깝게 낮추어야 합니다. 또한 미끄러지지 않도록 방수 돗자리를 밧줄로 꽁꽁 고정하는 것도 잊지 마세요.
이 외에도 다른 방법으로 대피소를 지을 수 있나요?

🎤 현장 인터뷰

❝ 제가 하는 일은 회사의 목표를 이해하고, 이에 맞는 솔루션을 설계하는 것입니다. 하나의 아이디어로 시작해서 무언가를 창조해 나가는 무한한 가능성은 제가 성취감을 느끼게 만듭니다. IT 산업과 나의 경험, 지식이 성장함에 따라, 기술이 우리의 문화를 우리가 상상할 수 없는 다양한 방식으로 형성해 나가는 것을 목격하게 됩니다. ❞

- 컴퓨터 공학자, 마크 캠벨

조난 상황에서 체온을 유지하는 방법

산에서 갑작스레 길을 잃거나 해가 져서 산속에서 하룻밤을 보내야 한다고 생각해 보세요. 여러분은 무엇이 가장 걱정되나요? 물론, 아무것도 보이지 않는 어두움이 가장 큰 공포일 것입니다. 혹시 모를 산짐승들과 벌레의 습격도 무섭지요. 하지만 이러한 조난 상황에서 가장 큰 걱정은 체온을 어떻게, 얼마나 효율적으로 유지하느냐입니다. 해가 지면 산속의 기온은 급격히 떨어지기 때문입니다.

우리의 몸은 체온이 35℃ 이하로 떨어지면 저체온증 상태가 됩니다. 최악의 경우, 저체온증으로 인해 혼수상태나 사망까지 이를 수 있는데요. 때문에 열 손실을 최소화하며 체온을 유지하는 것이 매우 중요합니다.

비와 바람은 체온을 떨어뜨리는 가장 큰 요인이기 때문에, 비바람을 피할 수 있는 공간을 찾는 것이 가장 중요합니다. 동굴 혹은 큰 바위와 바위 틈 사이에 몸을 숨기거나, 비가 내리지 않는다면 마른 낙엽을 두껍게 덮어주는 것도 체온을 유지하는 좋은 방법입니다. 동굴이나 바위 틈새에 몸을 숨겼다면 쪼그려 앉거나 쪼그려 눕는 것이 체온 유지에 좋습니다. 옷이나 신발이 젖었다면 반드시 말리고 착용해야 합니다. 젖은 옷과 신발은 20배나 빠르게 체온을 떨어뜨리기 때문입니다. 여분의 옷이 있다면 반드시 껴입고요.

QR 코드를 스캔하면 관련 영상을 볼 수 있어요!

등산을 가거나 캠핑을 갈 때는 만약을 대비해, 여분의 옷과 마실 물, 호루라기 등을 꼭 챙기도록 합시다. 여러분의 안전한 야외 활동을 응원합니다!

산에서 조난당한다면 어떻게 해야 할까요? 영상을 보면서 미리 준비해 보아요.

모든 활동을 마치며

드디어 모든 활동이 끝났습니다. 이제 남은 것은 무엇일까요? 바로, 우리가 함께 한 내용들을 잠시 되짚어 보는 시간을 갖겠습니다. 활동에 앞서, 우리는 공학 활동을 기획하고 성공적으로 수행하기 위한 과정(공학 활동 순서를 설계)을 살펴보았고, 엔지니어가 되기 위해 필요한 사항을 확인했습니다.

여러분이 실제로 공학 활동을 수행하는 과정에서 배운 것은 단순히 공학적인 기술에 한정되지 않습니다. 이 활동과 체험을 통해 여러분은, 여러분에게 평생 도움이 될 만한 지혜를 얻었습니다. 여러분은 과정이 계획대로 되지 않을 때 포기하지 않고 창의적으로 생각하는 방법을 배웠습니다. 다양한 활동과 체험을 통한 값진 경험은 여러분이 어떤 직업을 선택하든 간에, 더없이 중요한 능력으로 작용할 것입니다.

나는 엔지니어입니다!

여러분은 이 책의 활동을 진행하면서 '왜 그럴까? 순서를 바꾸면 어떻게 될까?'와 같은 질문을 했습니다. 이렇게 질문하고 질문에 답하는 과정을 통해 여러분은 창의적으로 생각할 수 있었고, 답안과 해결책을 구상하는 배웠습니다. 몇몇 활동에서는 순서를 계획하는 과정을 거치면서, 스스로 계획을 세워 나가기도 했습니다. 여러분은 이제 다양한 공학 활동을 계획하고, 결과물의 디자인까지 개선할 수 있게 되었습니다.

이 모든 과정은 엔지니어가 일상적으로 수행하는 공학 설계 과정의 각 단계들입니다(질문하기, 구상하기, 계획하기, 제작하기, 개선하기). 이제 여러분은 엔지니어입니다!

52개의 공학 활동을 통해 여러분이 배운 것은 단순히 공학 설계 과정을 수행하는 데 그치지 않습니다. 공학 활동을 수행하면서 여러분은 문제를 해결하는 방법을 배운 것입니다. 우리는 여러분이 문제의 해결책을 연구하고 나아가, 세상을 더 살기 좋은 곳으로 만드는 사람이 되기를 바랍니다.

여러분은 [4. 종이 탑] 활동이나 [43. 미니 댐] 활동과 같은 공학 활동을 수행하면서, 해결책 혹은 더 나은 방안이 하나만 있는 것이 아님을 경험했습니다. 또 여러분은 활동이 계획한 대로 잘되지 않더라도 끈기 있게 노력하고, 포기하지 않는 법을 배웠습니다. 때로는 여러분 스스로 방법을 개선해, 활동이나 결과물이 원하는 방향으로 작동하도록 만들었습니다. 이와는 반대로, 활동이 잘 풀리지 않을 때에는 실패의 경험을 통해 문제점을 알게 된다는 중요한 교훈을 배웠습니다. 우리 모두는 실수를 통해서 배우고, 실패를 거듭하는 사람들은 결과적으로 위대한 발견을 이루어내곤 합니다. 실패나 실수를 두려워하지 마세요!

부디, 여러분이 이 책의 공학 활동을 통해서 '배움'도 재밌을 수 있다는 것을 몸소 느꼈길 바랍니다.

일상에서 발견하는 공학

혹시 각 활동 후반부에 나오는 "왜 그럴까요?" 코너 기억하나요? 여러분의 공학 활동과 관련된 온갖 과학 원리가 가득한 곳입니다.

여러분은 위치에너지와 운동에너지를 다루는 활동 몇 개를 경험했습니다. [37. 휴지심 구슬 슬라이드 마블런] 활동에서 꼭대기의 출발 직전인 구슬과, [18. 고무줄 새총]의 당겨진 고무줄을 떠올려 보세요. 우리는 매일 위치에너지와 운동에너지를 사용합니다. 가까운 예로, 자동차 연료통에 있는 가솔린 역시 에너지를 가지고 있습니다. 자동차의 시동을 걸고 움직이는 순간 운동에너지로 바뀌는 것입니다. 공을 가지고 놀 때도, 여러분이 손으로 공을 잡고 있을 때의 위치에너지는 공을 던지는 순간 운동에너지로 바뀌어 허공으로 빠르게 이동합니다.

[44. 레몬 배터리]와 [51. 연필심 회로도] 활동 기억나죠? 두 활동 모두 회로를 통해 이동하는 전기를 다루었습니다. 집안에 있는 전등을 켜기 위해 스위치를 켜면, 우리가 활동을 통해 경험한 것처럼 전기가 회로를 통해 이동합니다. 우리가 일상에서 매일 접하고 있지만 직접 확인할 수 없었던 전기의 흐름을, 여러분은 직접 회로를 만들며 눈으로 확인할 수 있었습니다.

또한 몇 가지 간단한 기계를 설계하고 배울 기회를 가졌습니다. 우리는 매일 일상생활을 편하게 해주는 간단한 기계들을 사용합니다. 물건을 들어 올리기 쉽게 해주는 지레에 관한 활동들이 있었습니다. 시소를 타거나 병따개를 사용해 본 적이 있나요? 모두 실생활에서 접할 수 있는 지레의 원리를 이용한 도구랍니다.

우리는 무거운 물체를 쉽게 들어 올리기 위해 도르래를 만드는 방법도 배웠습니다. 가장 쉽게 볼 수 있는 도르래로 엘리베이터가 있습니다. 아, 우리는 차축의 작동 방식도 살펴보았습니다. 자동차 또는 바퀴 달린 운송수단 외에도 풍차 안에서, 쇼핑 카트 위에서, 천장에 매달린 실링팬에서도, 기계 장치를 얼마든지 찾아낼 수 있습니다.

엔지니어 세상

이 책의 공학 활동을 경험하면서 여러분은 공학이 우리의 일상생활에 얼마나 깊숙이 관련되어 있는지 알게 되었을 것입니다.

자동차 창문을 열기 위해 여러분이 누르는 버튼도 엔지니어가 설계한 것입니다. 차를 탈 때 창밖을 보세요. 도로가 어떻게 연결되어 있나요? 도로의 연결 역시, 토목 공학자가 설계한 결과입니다. 차가 다리를 건널 때 교각이 어떻게 생겼는지 살펴보세요. 교각의 형태와 건축 재료들은 모두 엔지니어가 선택한 결과물입니다.

좋아하는 비디오 게임이 있나요? 바로 소프트웨어 엔지니어(전기 엔지니어의 한 분야)가 설계한 것입니다. 여러분이 좋아하는 쫄깃한 풍선껌! 네, 맞습니다. 바로 화학 공학자가 여러분을 위해 만든 것입니다.

여러분이 사는 동안, 이 세상에는 얼마나 새로운 것들이 많이 발명될까요? 우리는 얼마나 진보된 기술을 보게 될까요? 여러분은 공학을 통해 어떤 문제가 해결되기를 바라나요?

잊지 마세요! 모든 일은 물음표를 품는 것에서 출발합니다. 여러분은 한 사람의 엔지니어로서 그 문제를 어떻게 해결할지 생각해야 합니다. 지금까지 어떤 것들이 시도되었고, 어떻게 개선할 수 있는지 말이에요. 어떤 것들이 가능할지 상상해 보세요.

절대 서로 충돌하지 않는 자동차를 설계하거나, 전 세계 사람들을 위해 정화된 식수 공급 장치를 개발할 수도 있습니다. 또는 가장 인기 있는 비디오 게임을 만들 수도 있겠지요.

여러분이 공학과 관련된 직업을 선택하지 않더라도, 이러한 공학 활동을 통해서 습득한 기술은 여러분이 세상에 기여하는 데 도움이 될 것입니다.

 **감사의 글**

먼저 내 아이들, 캐틀린과 헌터에게 고마움을 표하고 싶습니다. 엄마의 세상은 바로 너희들이란다. 제 아이들은 이 책의 모든 활동을 시험하는 데 도움을 주었고, 몇 가지 아이디어들을 직접 제안하기도 했습니다. 내가 일하고 있을 때 잘 참아 주고, 부탁하지 않아도 집안일을 도와준 아이들에게 거듭 고맙습니다.

나의 꿈을 좇아 이 책을 쓰도록 격려해 준 남편 제리에게 감사합니다. 설거지가 밀리지 않도록 신경 써 주고, 끼니를 잊을 때마다 챙겨 주어서 고마웠어요. 또한 내 작품을 읽고 엔지니어의 관점에서 확인해 준 데에 감사합니다.

방학 기간 내내 홈스쿨링을 하며 아이들의 수많은 활동에 매달려야 했던 와중에 이 책을 쓰고 싶다고 말했을 때, 내가 미치지 않았다고 확신하게 해준 여동생에게 감사합니다. 책 내용에 대해 횡설수설하며 내가 정신을 차리지 못하고 있을 때 내 얘기를 경청해 주고, 나를 제자리에 있게 해줘서 고마워.

그리고 이제서야 제가 무슨 일을 하는지 알게 되셨을 부모님께 감사드립니다. 특히 일 때문에 초대에 응하지 못했을 때, 너그럽게 이해해 준 다른 가족과 친구들에게 감사합니다. 여러분 모두가 그때 제가 하는 말을 알아듣지 못했다는 걸 압니다. 놀랍죠?

그리고 이 책의 인용문에 기꺼이 참여해 준 엔지니어들에게 감사드립니다. 여러분은 미래의 엔지니어에게 영감을 주었습니다.

마지막으로, 이 책의 편집자인 수잔 랜돌과 캘리스토 미디어의 모든 직원분들께 큰 감사를 드립니다. 이 책을 만들면서 여러분과 함께 일할 수 있는 놀라운 기회를 주신 것에 감사하고 특히, 제 글쓰기의 꿈을 실현시켜 주셔서 감사합니다.

이 책의 저자,
크리스티나 허커트 슐

찾아보기

과학 용어 사전